Welt der Zahl 3

Herausgegeben von
Prof. Dr. Hans-Dieter Rinkens
Kurt Hönisch
Gerhild Träger

Erarbeitet von
Nadine Franke-Binder, Kurt Hönisch,
Claudia Neuburg, Prof. Dr. Hans-Dieter Rinkens,
Dr. Thomas Rottmann, Michaela Schmitz, Gerhild Träger

Die Ausgabe Nord wurde erarbeitet von
Prof. Dr. Eugen Bauhoff, Elke Ketteler, Dieter Kraft,
Britta Rothe, Prof. Dr. Wilhelm Schipper

Schroedel

Inhaltsverzeichnis

1 B A C

52 + 8 = __60__ __

90 + 9 = ___ __

39 + 9 = ___ __

93 + 7 = ___ __

16 + 8 = ___ __

37 + 5 = ___ __

36 + 4 = ___ __

57 + 6 = ___ __

2 B A C

15 + 25

10 + 35

10 + 32

50 + 20

22 + 20

20 + 58

16 + 40

29 + 70

10 + 14

10 + 30

3
B
A C

11 − 8
96 − 60
100 − 1
92 − 20
51 − 9
72 − 9

4
B
A C

18 + 60
60 + 40
14 + 10
18 + 10
54 + 30
8 + 20
12 + 30
25 + 20
28 + 50

5
B
A C

86 − 6
43 − 7
98 − 2
51 − 9
33 − 9
34 − 6
55 − 7
45 − 3

6
B
A C

94 − 10
63 − 60
82 − 40
86 − 30
66 − 10
92 − 50
94 − 30
68 − 20
85 − 80
79 − 70
63 − 60

1 a) 17 + 5   b) 44 + 8   c) 32 + 9   d) 76 + 6   e) 28 + 7
     37 + 5   64 + 8   72 + 9   59 + 6   46 + 7
     87 + 5   54 + 8   82 + 9   68 + 6   74 + 7
     47 + 5   84 + 8   22 + 9   47 + 6   55 + 7

2 a) 18 + 5   b) 37 + 8   c) 76 + 6   d) 54 + 8   e) 75 + 7
     39 + 2   28 + 6   48 + 7   58 + 4   64 + 8
     86 + 6   59 + 7   35 + 9   39 + 9   88 + 3

23   27   34   41   44   45   48   55   62   62   66   72   82   82   91   92

3 Manchmal hilft die Tauschaufgabe.
     a) 19 + 5   b) 56 + 5   c) 3 + 68   d) 39 + 2   e) 75 + 6
       9 + 33   88 + 4   56 + 9   3 + 79   89 + 9
     22 + 9   4 + 87   72 + 9   7 + 18   4 + 48

4 a) 39 + 4 + 1   b) 54 + 6 + 7   c) 77 + 5 + 3   d) 61 + 8 + 9
     77 + 3 + 6   83 + 9 + 7   28 + 2 + 9   88 + 4 + 2
     22 + 1 + 8   35 + 9 + 5   63 + 7 + 6   49 + 7 + 1
     66 + 3 + 4   48 + 2 + 6   15 + 9 + 5   71 + 4 + 9

29   31   39   44   49   56   57   67   73   74   76   78   84   85   86   94   99

5

Denke an die Hundertertafel! Immer Schritte nach unten.

a)

+ 20	
79	
54	
66	

b)

+ 40	
53	
29	
20	

c)

+ 50	
27	
48	
13	

d)

+ 30	
61	
22	
36	

1
a) 12 – 5
32 – 5
82 – 5
62 – 5

b) 44 – 8
94 – 8
54 – 8
64 – 8

c) 36 – 9
76 – 9
86 – 9
56 – 9

d) 71 – 6
53 – 6
65 – 6
84 – 6

e) 22 – 7
46 – 7
74 – 7
83 – 7

2
a) 53 – 5
31 – 7
86 – 9

b) 64 – 8
75 – 7
28 – 9

c) 82 – 4
93 – 5
47 – 9

d) 51 – 8
66 – 9
33 – 7

e) 32 – 8
93 – 4
45 – 6

19 24 24 26 38 39 43 47 48 56 57 68 77 78 88 89

3
a) 31 – 4 – 1
77 – 7 – 5
22 – 1 – 2
66 – 3 – 6

b) 54 – 4 – 9
83 – 8 – 3
35 – 9 – 5
48 – 8 – 6

c) 74 – 4 – 5
28 – 2 – 8
63 – 9 – 3
95 – 5 – 7

d) 61 – 8 – 1
88 – 4 – 8
49 – 9 – 5
71 – 1 – 8

18 19 21 26 34 35 41 51 52 57 62 65 65 72 75 76 83

4 Immer 7 weniger. Schreibe die nächsten vier Zahlen auf.

a) 60, 53, ___, ___, ___, ___

b) 91, 84, ___, ___, ___, ___

c) 82, 75, ___, ___, ___, ___

d) 45, 38, ___, ___, ___, ___

5 Immer 9 weniger. Schreibe die nächsten fünf Zahlen auf.

Beginne mit a) 67 b) 93 c) 74 d) 87

6

Denke an die Hundertertafel! Immer Schritte nach oben.

a)

– 20	
34	
55	
57	
91	

b)

– 50	
86	
71	
98	
63	

c)

– 10	
46	
73	
25	
31	

d)

– 30	
68	
39	
84	
52	

1 a) 93 − 45 b) 71 − 47 c) 85 − 16 d) 62 − 24 e) 56 − 29
   32 − 24   97 − 35   63 − 27   81 − 28   35 − 12
   57 − 39   42 − 16   76 − 32   79 − 17   91 − 43

8   18   23   24   26   27   34   36   38   44   48   48   53   62   62   69

2 Hier haben sich Kinder versteckt.

   a) 87 − 47 b) 81 − 25 c) 60 − 18 d) 95 − 35 e) 82 − 72
   71 − 29   70 − 25   52 − 49   62 − 26   52 − 48
   94 − 31   93 − 33   72 − 27   97 − 33   93 − 29
   64 − 28   62 − 34   91 − 19   100 − 16   75 − 39

3

76 − 29 = ____

76 − 30,
dann plus 1.

   a) 76 − 29 b) 68 − 19 c) 65 − 39
   97 − 49   96 − 39   84 − 69
   44 − 19   36 − 19   93 − 89
   58 − 39   83 − 49   71 − 49
   82 − 29   95 − 59   88 − 79

4 Minus-Aufgaben mit Spiegelzahlen.
   a) 43 − 34 b) 53 − 35 c) 41 − 14 d) 84 − 48 e) 94 − 49
      54 − 45   64 − 46   52 − 25   73 − 37   83 − 38
      65 − 56   75 − 57   63 − 36   62 − 26   72 − 27

   f) Betrachte die Ergebnisse der Päckchen. Was fällt dir auf?
      Alle Ergebnisse gehören zur ____-Reihe.

5 In jedem Waggon ist eine Zahl der Vierer-Reihe versteckt.

a) Die Zahl ist um 24 kleiner als 64.

b) Die Zahl ist um 29 kleiner als 53.

c) Die Zahl ist um 58 kleiner als 94.

d) Die Zahl ist halb so groß wie 64.

4 Starke Aufgaben: Gesetzmäßigkeit erkennen, Aufgabenfolge fortsetzen.

1 a) 39 + 47   b) 78 + 17   c) 36 + 25   d) 57 + 26   e) 22 + 49
     68 + 24   27 + 55   48 + 36   56 + 27   76 + 15
     53 + 19   49 + 38   19 + 47   75 + 19   67 + 27

61   66   71   72   75   82   83   83   84   86   87   91   92   94   94   95

2 Hier haben sich Kinder versteckt. Wie heißen sie?

B
A C

a) 49 + 15   b) 19 + 21   c) 38 + 25   d) 16 + 24   e) 12 + 28
     28 + 17   27 + 18   15 + 13   29 + 13   63 + 36
     23 + 33   45 + 33   24 + 66   11 + 17   24 + 76
     58 + 32   18 + 18   11 + 13   27 + 36   21 + 15

3

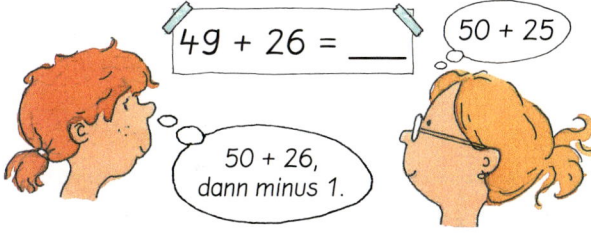

a) 49 + 26   b) 59 + 17   c) 24 + 69
     49 + 35   39 + 44   18 + 69
     29 + 26   39 + 28   17 + 79
     39 + 55   19 + 62   12 + 89
     79 + 14   29 + 54   49 + 49

4 a) 14 + 18   b) 13 + 12   c) 67 + 26   d) 52 + 26   e) 58 + 41
    24 + 28   23 + 22   57 + 36   42 + 36   48 + 31
    34 + 38   33 + 32   47 + 46   32 + 46   38 + 21

f) Zu welchen Aufgabenfolgen gehört die Regel?
    Regel: Die erste Zahl wird um 10 kleiner, die zweite Zahl wird um 10 größer.
       Das Ergebnis _____.

5 In jedem Waggon ist eine Zahl der Fünfer-Reihe versteckt.

| a) Die Zahl ist um 34 größer als 11. | b) Die Zahl ist um 16 größer als 19. | c) Die Zahl ist um 17 größer als 23. | d) Die Zahl ist halb so groß wie 100. | e) Die Zahl ist doppelt so groß wie 45. |

4 Starke Aufgaben: Gesetzmäßigkeit erkennen, Aufgabenfolge fortsetzen.

Meine Hunde sind alle unterschiedlich groß.

Basset „Töffel"

37 cm

Bernhardiner „Max"

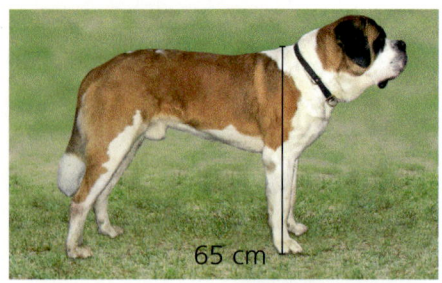

65 cm

Zwergschnauzer „Tristan"

28 cm

Chihuahua „Herkules"

21 cm

1 a) Wie groß ist Max?

b) Wie groß sind die anderen Hunde?

2 a) Max ist viel größer als Töffel. Berechne den Unterschied.

b) Max ist auch größer als Tristan.

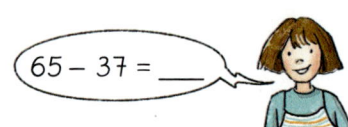

65 – 37 = ___

3 Tristan ist größer als Herkules. Berechne den Unterschied.

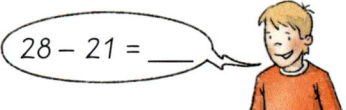

28 – 21 = ___

4 Vergleiche auch die anderen Hunde ihrer Größe nach.

5 Berechne den Unterschied. Wähle deinen Rechenweg.

| 59 | 52 |
52 + ___ = 59

| 56 | 9 |
56 – 9 = ___

a)
59	52
9	56
88	94

b)
30	6
57	63
54	59

c)
58	51
5	52
73	10

d)
72	65
7	99
70	59

e)
76	8
86	79
4	34

6

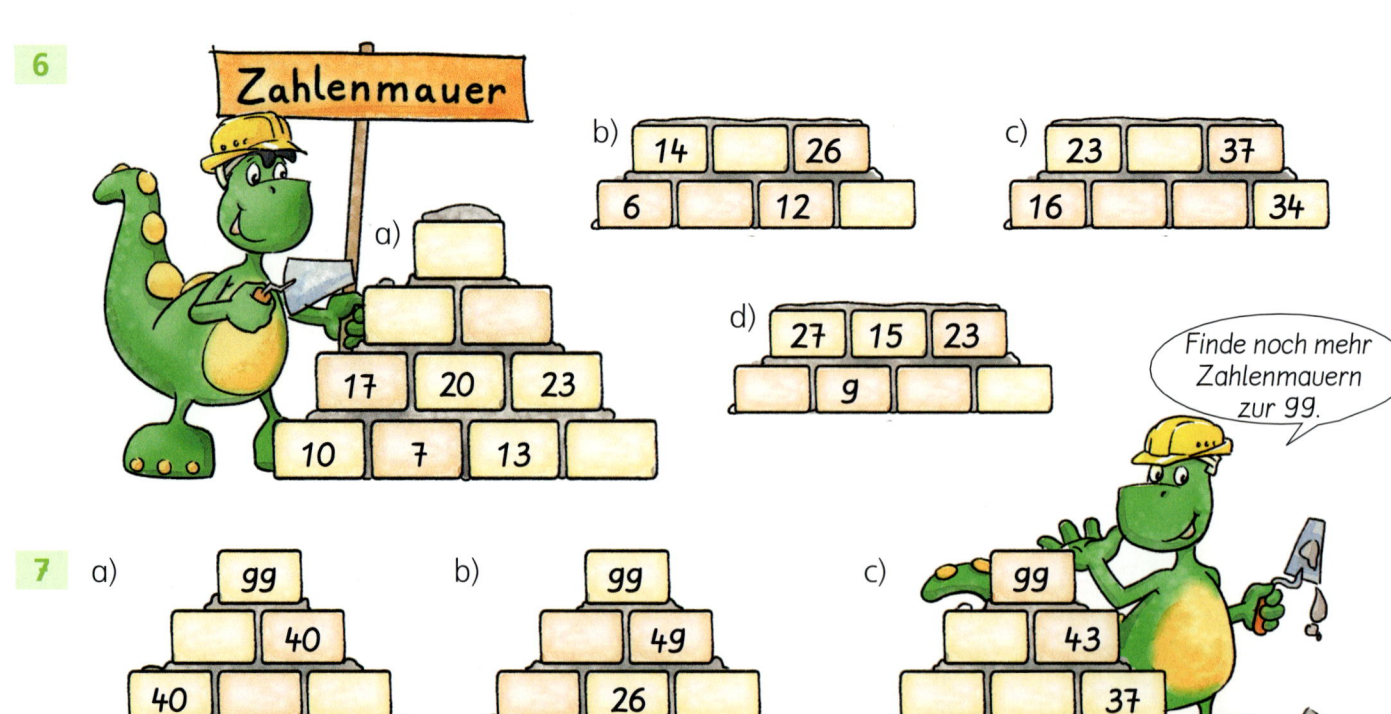

Zahlenmauer

a)
17 20 23
10 7 13

b)
14 | 26
6 | | 12 |

c)
23 | 37
16 | | 34

d)
27 15 23
| 9 |

Finde noch mehr Zahlenmauern zur 99.

7 a)
99
| 40
40 | |
36 | | | |

b)
99
| 49
| 26 |
| 13 | |

c)
99
| 43
| 37
| 1 | |

In der Traube darunter steht die Differenz.

Ich subtrahiere.
68 – 30 = 38

Das geht nicht.

1 a)

a)	6 8		3 0		1 2
		3 8		1 8	
			2 0		

b)

c)

2 a) b) c) d) e)

3 a) b) c) d) e)

f) Was fällt dir auf?
   Oben in der Mitte immer _____, unten immer _____.

g) Finde eine weitere Traube.

4 a) b) c)

d) e)

1 – 4 Minus-Traube: Benachbarte Zahlen subtrahieren, die Differenz in die Mitte darunter schreiben.

1 Schreibe zu jedem Punktefeld zwei Mal-Aufgaben.

a) 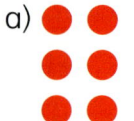 b) 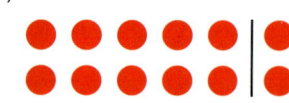 c)  d)

2 Von den Sonnen-Aufgaben zu den Nachbaraufgaben.

a)   4 · 7   b) 2 · 8   c) 10 · 3

 5 · 7   3 · 8   9 · 3

    6 · 7   4 · 8   8 · 3

3 Von den Quadratzahlen zu den Nachbaraufgaben.

a) 2 · 2   b) 3 · 3   c) 5 · 5   d) 4 · 4

    1 · 2   2 · 3   4 · 5   3 · 4

    3 · 2   4 · 3   6 · 5   5 · 4

4
a) 6 · 7   b) 6 · 9   c)   3 · 3   d) 4 · 7   e) 4 · 8   f) 5 · 7

   7 · 8   7 · 3   7 · 9   6 · 8   6 · 4   6 · 3

   8 · 9   3 · 5   10 · 5   4 · 4   3 · 9   8 · 6

   9 · 5   7 · 7   6 · 6   9 · 9   8 · 8   0 · 8

5 a)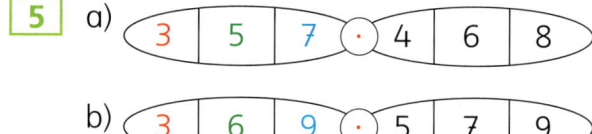

b)

a) 3 · 4 = 1 2   5 · 4 =   7 · 4 =

    3 · 6 =   5 · 6 =   7 · 6 =

    3 · 8 =   5 · 8 =   7 · 8 =

6 Schreibe immer zwei Mal-Aufgaben zu diesen Ergebniszahlen.

(63) (48) (27) (42) (32) (54) (56) (72) (21) (28)

7 Wie viele Mal-Aufgaben findest du zu diesen Ergebniszahlen?

(24)   (18)   (36)   (12)

8 Leon hat zwei Ziffernkarten ausgewählt und damit eine Mal-Aufgabe gerechnet.   [2] [6] [3] [5] [9]

a) Sein Ergebnis ist 45. Welche Karten hat er gewählt?

b) Welche Karten hat er wohl gewählt, um das Ergebnis 15 (27, 30) zu erreichen?

c) Welches ist das größte Ergebnis, das Leon bekommen kann?

d) Welches ist das kleinste Ergebnis, das Leon bekommen kann?

e) Leons Ergebnis soll zwischen 11 und 20 liegen. Welche Karten kann er nehmen? Schreibe alle Möglichkeiten auf.

f) Nur ein einziges der Ergebnisse, die Leon erhalten kann, gehört nicht zur Dreier-Reihe. Welche Karten muss er dazu wählen?

1 Drei Zahlen im Kopf, vier Aufgaben im Bauch, das ist das Malduro.

5 · 9 = 45
9 · 5 = 45
45 : 9 = 5
45 : 5 = 9

a)    b)    c)

d)    e)    f)

2 Das ist ein besonderes Malduro:
Es ist kleiner.
Wieso?

a)    b)

c)    d)

3
a) 24 : 4 = __
6 · 4 = 24

b) 27 : 3 =
__ · 3 = 27

c) 30 : 5 = __
__ · 5 = 30

d) 28 : 7 = __
__ · 7 = 28

e) 54 : 9 = __
__ · 9 = 54

f) 35 : 5 = __
__ · 5 = 35

g) 45 : 9 =
__ · 9 = 45

h) 21 : 3 = __
__ · 3 = 21

i) 40 : 5 = __
__ · 5 = 40

j) 63 : 7 = __
__ · 7 = 63

4 Schreibe auch die Mal-Aufgabe.

a) 40 : 5
24 : 3

b) 42 : 6
45 : 9

c) 49 : 7
64 : 8

d) 36 : 4
18 : 2

e) 27 : 9
30 : 5

f) 32 : 8
63 : 7

5
a) 4 · __ = 24
__ · 9 = 81
__ · 3 = 21

b) 35 : 7 = __
28 : __ = 7
__ : 6 = 6

c) 6 · __ = 30
__ : 2 = 9
56 : __ = 8

d) 14 : __ = 7
8 · __ = 64
__ · 5 = 45

2   4   5   5   6   7   7   8   9   9   15   18   36

6 Wie heißen die Zirkuskinder?

a) 9 : 9
63 : 7
56 : 8
24 : 6

b) 72 : 8
35 : 5
45 : 9
18 : 3

c) 10 : 10
36 : 4
80 : 8
16 : 2

d) 27 : 9
5 : 1
64 : 8
28 : 4

1 Verteile gerecht. Schreibe die Durch-Aufgabe auf.
30 Sticker
a) an 6 Kinder,   b) an 3 Kinder   c) an 5 Kinder
d) an 2 Kinder,   e) an 10 Kinder   f) an 15 Kinder

a) 3	0	:	6	=		

2 a) Verteile 24 Törtchen. Auf jedem Teller sollen gleich viele Törtchen sein.
Schreibe die Durch-Aufgaben auf.
b) Verteile 36 Törtchen, auf jeden Teller gleich viele Törtchen.
Schreibe die Durch-Aufgaben auf.

3
a) 25 : 5   b) 12 : 2   c) 36 : 6   d) 35 : 7   e) 16 : 4   f) 28 : 7
18 : 3   15 : 5   32 : 4   54 : 9   18 : 6   24 : 8
42 : 6   64 : 8   72 : 8   27 : 3   20 : 4   81 : 9

10 Bälle verteilt an 3 Kinder. 10 : 3 = 3 Rest 1 Jedes Kind bekommt 3 Bälle, 1 Ball bleibt übrig.

4 Aufgepasst! Manchmal bleibt ein Rest.

a) 19 : 9   b) 27 : 6   c) 27 : 9   d) 41 . 6   e) 70 : 8
26 : 7   33 : 5   37 : 8   52 : 8   54 : 6
33 : 6   56 : 9   50 : 7   71 : 9   62 : 9
45 : 8   36 : 4   60 : 9   21 : 8   20 : 7

a) 1	9	:	9	=	2 Rest 1
2	6	:	7	=	Rest

5 Zahlix bildet mit den drei Ziffernkarten [2], [4] und [7] Durch-Aufgaben.
a) Welche Aufgaben kann er bilden?
b) Welche Aufgaben kannst du lösen?

6 Nimm drei verschiedene Ziffernkarten und bilde
Durch-Aufgaben wie Zahlix.
a) Findest du alle sechs Aufgaben?
b) Welche Aufgaben kannst du lösen?

7 Vor einem Fahrstuhl zur Aussichtsplattform stehen 32 Kinder.
Bei jeder Fahrt können immer fünf Kinder mitfahren. Wie oft muss der Fahrstuhl fahren?

8 Bei der Klassenfahrt wollen 19 Kinder Tretboot fahren. Immer vier Kinder passen
auf ein Tretboot. Wie viele Boote muss die Klasse mieten?

1 $3 \cdot 5 = 15$

Cards: 5, 3, 9, 4

$$3 \cdot 4 = 12$$
$$\_ \cdot \_ = 15$$
$$\_ \cdot \_ = 20$$
$$\_ \cdot \_ = 27$$
$$\_ \cdot \_ = 36$$
$$\_ \cdot \_ = 45$$

2 Cards: 4, 10, 8, 6

$$\_ \cdot \_ = 24$$
$$\_ \cdot \_ = 32$$
$$\_ \cdot \_ = 40$$
$$\_ \cdot \_ = 48$$
$$\_ \cdot \_ = 60$$
$$\_ \cdot \_ = 80$$

3 Cards: 7, 2, 8, 4

$$\_ \cdot \_ = \_$$
$$\_ \cdot \_ = 14$$
$$\_ \cdot \_ = 16$$
$$\_ \cdot \_ = 28$$
$$\_ \cdot \_ = 32$$
$$\_ \cdot \_ = \_$$

4 Cards: 10, 9, 3, 5

$$\_ \cdot \_ = \_$$
$$\_ \cdot \_ = 27$$
$$\_ \cdot \_ = 30$$
$$\_ \cdot \_ = 45$$
$$\_ \cdot \_ = 50$$
$$\_ \cdot \_ = \_$$

Wie heißt die Zahlenkarte?

5 Cards: 5, 7, 4

$$\_ \cdot \_ = 20$$
$$\_ \cdot \_ = 24$$
$$\_ \cdot \_ = 28$$
$$\_ \cdot \_ = 30$$
$$\_ \cdot \_ = 35$$
$$\_ \cdot \_ = 42$$

6 Cards: 9, 2, 8

$$\_ \cdot \_ = 14$$
$$\_ \cdot \_ = 16$$
$$\_ \cdot \_ = 18$$
$$\_ \cdot \_ = 56$$
$$\_ \cdot \_ = 63$$
$$\_ \cdot \_ = 72$$

7 Card: 10

$$\_ \cdot \_ = 12$$
$$\_ \cdot \_ = 18$$
$$\_ \cdot \_ = 24$$
$$\_ \cdot \_ = 30$$
$$\_ \cdot \_ = 40$$
$$\_ \cdot \_ = 60$$

8 Card: 7

$$\_ \cdot \_ = 20$$
$$\_ \cdot \_ = 28$$
$$\_ \cdot \_ = 32$$
$$\_ \cdot \_ = 35$$
$$\_ \cdot \_ = 40$$
$$\_ \cdot \_ = 56$$

9 Card: 6

$$\_ \cdot \_ = 42$$
$$\_ \cdot \_ = 48$$
$$\_ \cdot \_ = 54$$
$$\_ \cdot \_ = 56$$
$$\_ \cdot \_ = 63$$
$$\_ \cdot \_ = 72$$

Multi-Pack: Aus vier verschiedenen Zahlenkarten sechs Mal-Aufgaben bilden. Aufgabe und Tauschaufgabe gelten als eine Aufgabe. Gesetzmäßigkeiten entdecken und anwenden: Einmaleinsreihen vernetzen.

Laura ist 9 Jahre alt. Sie geht in die Klasse 3a der Parkschule.

Parkschule

9 | 14 Klasse 3a	13 | 11 Klasse 3b	13 | 13 Klasse 3c
15 | 9 Klasse 4a	11 | 13 Klasse 4b	12 | 12 Klasse 4c

1
a) Wie viele Mädchen sind in Lauras Klasse?

b) Wie viele Jungen sind in Lauras Klasse?

c) Sind in der Klasse 3b mehr oder weniger Mädchen als in Lauras Klasse?

d) Wie viele Jungen sind in der Klasse 4a?

e) Wie viele Mädchen sind in der Klasse 4b?

f) Sind in der Klasse 4c mehr oder weniger Jungen als in der Klasse 4b?

g) In welchen Klassen sind so viele Mädchen wie Jungen?

h) In welcher Klasse sind die meisten Jungen?

i) In welchen Klassen gibt es mehr Mädchen als Jungen?

j) Wie viele Freundinnen hat Laura in ihrer Klasse?

2 Stellt euch gegenseitig weitere Fragen.

3 a)
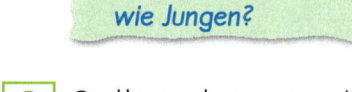
Wie viele Kinder sind in der Klasse 3a?

9 Mädchen, 14 Jungen …

● F: Wie viele Kinder sind in der Klasse 3a?
○   9 + 1 4 = _____
● A: _____ Kinder sind in der Klasse 3a.

b) Wie viele Kinder sind in der Klasse 3b?

4 a)
Wie viele Jungen sind im 3. Schuljahr?

● F: Wie viele Jungen …
○   _____ + _____ + _____ = _____
● A: _____

b) Wie viele Jungen sind im 4. Schuljahr?

5 a)
Wie viele Mädchen sind im 3. und 4. Schuljahr zusammen?

● F: Wie viele Mädchen …?
○   _____ + _____ = _____
      _____ + _____ = _____
      _____ + _____ = _____
● A: _____

b) Wie viele Jungen sind im 3. und 4. Schuljahr zusammen?

6 Wie ist es an eurer Schule? Schreibt die Zahlen für die dritten und vierten Klassen auf. Stellt euch gegenseitig Fragen.

1 a)

🔴 F: Wie viele Kinder sind es insgesamt?

🟡 L: 6 · 4 = _____

🟢 A: Es sind insgesamt _____ Kinder.

> 6 Matten, auf jeder Matte sind 4 Kinder. Also insgesamt …

b) In einer Turnhalle liegen 7 Matten.
   Auf jeder Matte sind 3 Kinder.

c) In einer Turnhalle liegen 9 Matten.
   Auf jeder Matte sind 4 Kinder.

2 Schreibe immer die Frage, die Lösung und die Antwort auf.

a) In der Turnhalle haben sich 24 Kinder in Dreier-Reihen aufgestellt.
   Wie viele Reihen sind es?

b) Die 24 Kinder haben sich in drei Reihen aufgestellt.
   Wie viele Kinder stehen in jeder Reihe?

3 a) Beim Sportfest haben 72 Kinder Mannschaften gebildet.
   Immer acht Kinder sind in einer Mannschaft.

b) Die 56 Kinder haben sieben Mannschaften gebildet.

4 a) Für die Spielegruppen werden 42 Bälle verteilt.
   Es sind acht Gruppen.

b) Am Nachmittag werden die Bälle an fünf Spielegruppen verteilt.

🔴 F: Wie viele Bälle bekommt jede Gruppe?

🟡 L: _____

🟢 A: _____

5 Schreibe immer die Frage, die Lösung und die Antwort auf.

a) Am Getränkestand wird Apfelsaftschorle verkauft. Es sind schon zwei Kisten mit je 12 Flaschen verkauft worden.

b) Leon stellt 46 leere Apfelsaftflaschen in Kisten. Immer sechs Flaschen passen in eine Kiste.

c) Herr Schulte bringt noch drei Kisten und zwei Kisten Orangensaft zum Getränkestand. In jeder Kiste sind 12 Flaschen.

d) Am Kuchenstand wird Kuchen vom Blech verkauft. Aus jedem Kuchen werden acht Stücke geschnitten. Es sind 16 Stücke Pflaumenkuchen, 24 Stücke Apfelkuchen und 32 Stücke Butterkuchen verkauft worden. Wie viele Kuchen waren es?

 1 Legt Zahlen mit Platten, Stangen und Würfeln.

a) Nenne eine Zahl. Dein Partner legt sie.

b) Dein Partner legt eine Zahl. Nenne sie.

2 Welche Zahl ist es?

a)

H	Z	E

b)

H	Z	E

3 Welche Zahlen sind es? Trage sie in eine Stellentafel ein.

a)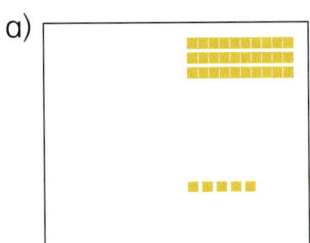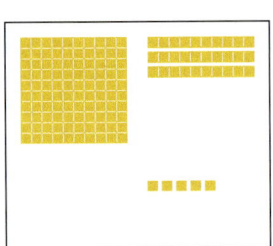

b)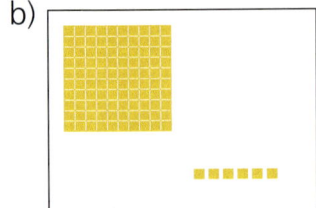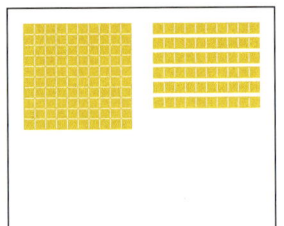

c)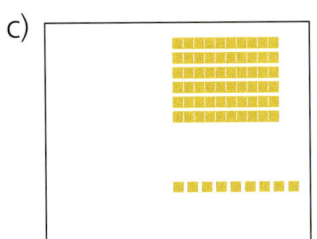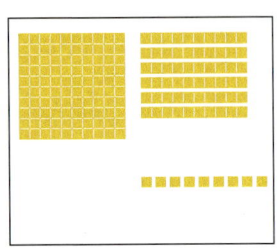

d)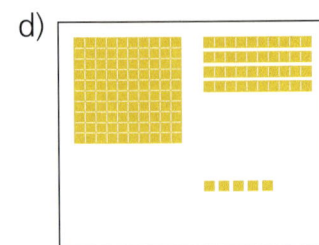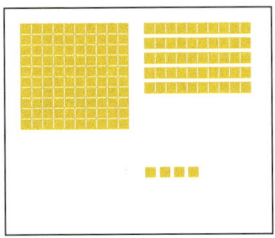

1 Zahlix kann mit seiner Geheimschrift
auch große Zahlen schreiben.
Wie hat er das gemacht? Welche Zahl ist es?

2 Wie heißen die Zahlen?

a)

a)	1 H	+	4 Z	+	2 E		
	1 0 0	+	4 0	+	2	=	1 4 2

b)  c) ☐ ≡ d) ☐ •••• e) ☐ —

f) ☐ ≡ ••• g) ☐ ≡ h) ☐ ≡ ••••• i) ☐ ≡ • j) ☐ —

3 Schreibe in Geheimschrift. Schreibe auch die Zahl auf.

a) 5 Z + 3 E
1 H + 5 Z + 3 E

b) 6 Z + 5 E
5 Z + 6 E

c) 1 H + 2 Z + 1 E
1 H + 9 Z + 9 E

d) 1 H + 6 Z
1 H + 6 E

4 Schreibe fünf Zahlen in Geheimschrift. Dein Nachbar schreibt die Zahlen dazu.

5 Welche Zahlen sind es?

1 H	+	4 Z	+	6 E		
1 0 0	+	4 0	+	6	=	1 4 6

a) 1 H + 4 Z + 6 E
1 H + 3 Z + 9 E
1 H + 1 Z + 5 E

b) 1 H + 2 E
1 Z + 2 E
1 H + 2 Z

c) 1 H + 5 Z
1 H + 3 E
8 Z + 4 E

d) 1 H + 3 E
3 Z + 9 E
1 H + 3 Z

6

a)	1 2 Z	=	1 H	+	2 Z	=	1 2 0
	1 3 Z	=	1 H	+			

b) 15 Z
17 Z
14 Z

c) 50 E
71 E
45 E

d) 10 Z
26 E
62 E

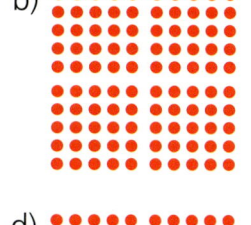 10 Z = 1 H

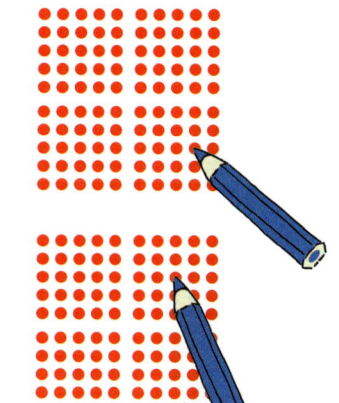

7 a) 2 Z + 15 E
3 Z + 11 E

b) 4 Z + 12 E
5 Z + 19 E

c) 7 Z + 10 E
6 Z + 18 E

d) 9 Z + 10 E
7 Z + 30 E

8 Große Zahlen an Hunderterfeldern. Welche Zahlen sind es?
Schreibe:

	1 0 0	+	2 0	+		=						

a)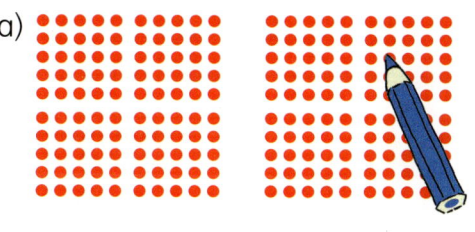

b)

c)

d)

9 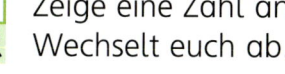 Zeige eine Zahl an zwei Hunderterfeldern. Dein Nachbar nennt die Zahl.
Wechselt euch ab.

1

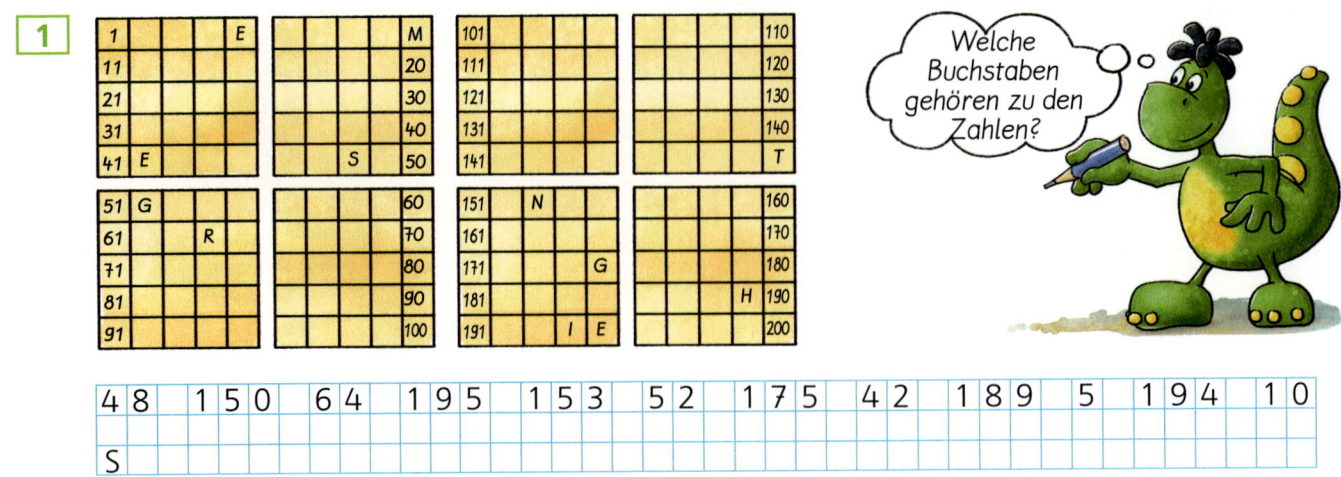

48	150	64	195	153	52	175	42	189	5	194	10
S											

2 a) Nenne deinem Nachbarn eine Zahl zwischen 1 und 200. Er legt ein Plättchen auf den richtigen Platz. Dann wechselt.

b) Nun umgekehrt: Lege ein Plättchen auf ein Feld. Dein Nachbar sagt die richtige Zahl.

3 Lege ein Plättchen auf eine Zahl zwischen 1 und 100.
Dein Nachbar legt ein Plättchen an die gleiche Stelle in der anderen Hundertertafel.
Wie heißen eure Zahlen?

4 Welche Zahlen stehen unter a) 75 b) 175 c) 64 d) 164 e) 59 f) 159?

5 Welche Zahlen stehen über a) 43 b) 143 c) 38 d) 138 e) 64 f) 164?

6 Welche Zahlen fehlen? Schreibe sie in dein Heft.

7 a) ... 176 b) ... 100 c) ... 143 d) ... 189

8 Starte immer bei 146. Schreibe auf, wo du ankommst.
4 Schritte a) nach rechts b) nach links c) nach oben d) nach unten

9 Auf welcher Zahl kommst du an?
a) Gehe von 109 drei Schritte nach unten, dann zwei Schritte nach links.
b) Gehe von 199 vier Schritte nach oben, dann fünf Schritte nach links.
c) Gehe von 200 sechs Schritte nach links, dann drei Schritte nach oben.

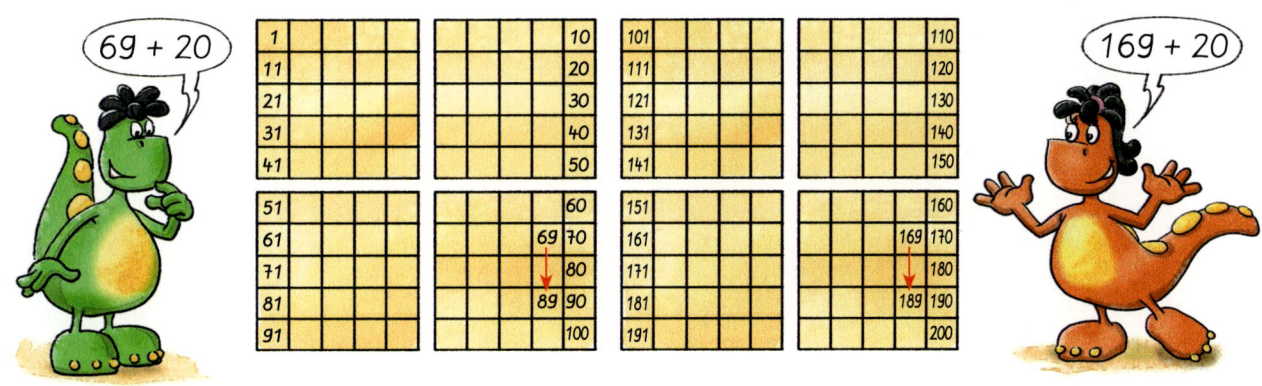

1
a) 69 + 20
169 + 20

b) 35 + 40
135 + 40

c) 23 + 60
123 + 60

d) 48 + 30
148 + 30

e) 50 + 50
150 + 50

f) 3 + 80
103 + 80

2
a) 47 + 2
147 + 2

b) 70 + 2
170 + 2

c) 63 + 9
163 + 9

d) 89 + 5
189 + 5

e) 17 + 7
117 + 7

f) 5 + 5
105 + 5

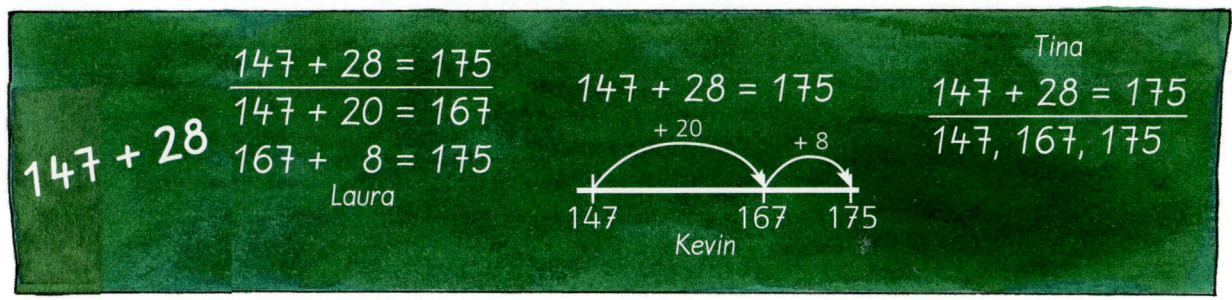

147 + 28

147 + 28 = 175
147 + 20 = 167
167 + 8 = 175
Laura

147 + 28 = 175
+ 20   + 8
147   167   175
Kevin

Tina
147 + 28 = 175
147, 167, 175

3
a) 146 + 28
121 + 79
182 + 16

b) 157 + 42
175 + 24
163 + 28

c) 125 + 32
107 + 89
151 + 33

d) 117 + 54
166 + 25
144 + 38

e) 132 + 49
145 + 48
117 + 34

151   157   171   174   181   182   184   191   191   193   196   196   198   199   199   200

4
a) 76 – 40
176 – 40

b) 99 – 80
199 – 80

c) 51 – 40
151 – 40

d) 85 – 80
185 – 80

e) 60 – 20
160 – 20

f) 90 – 80
190 – 80

5
a) 56 – 5
156 – 5

b) 99 – 9
199 – 9

c) 100 – 1
200 – 1

d) 35 – 7
135 – 7

e) 11 – 8
111 – 8

f) 73 – 6
173 – 6

184 – 26

184 – 26 = 158
184 – 20 = 164
164 – 6 = 158
Laura

184 – 26 = 158
– 6   – 20
158 164   184
Kevin

Tina
184 – 26 = 158
184, 164, 158

6
a) 194 – 32
167 – 43
185 – 71

b) 174 – 18
136 – 17
185 – 43

c) 165 – 32
197 – 89
151 – 33

d) 187 – 54
166 – 25
194 – 38

e) 184 – 28
192 – 64
163 – 48

108   114   115   118   119   124   128   133   133   141   142   156   156   156   162   193

1 Legt Zahlen mit Würfeln, Stangen und Platten.
a) Nenne eine Zahl. Dein Partner legt sie. Wechselt euch ab.
b) Dein Partner legt eine Zahl. Nenne sie.

2 Welche Zahl ist es? Trage sie in eine Stellentafel ein.

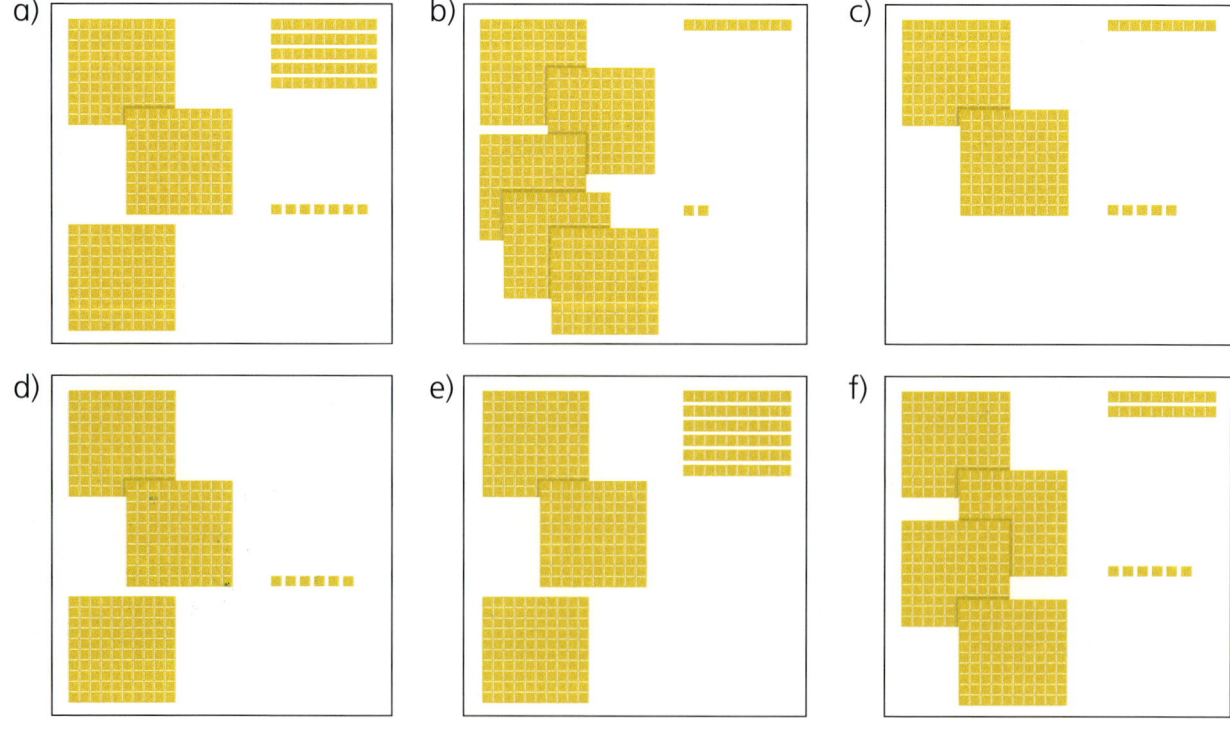

a)   b)   c)

d)   e)   f)

3 Du hast 2 Platten, 2 Stangen und 2 Würfel. Welche dreistelligen Zahlen kannst du damit legen? Du musst nicht alle Platten, Stangen und Würfel verwenden. Findest du alle 18 Möglichkeiten?

1 Zahlix kann mit seiner Geheimschrift sehr große Zahlen schreiben.
Welche Zahlen sind es?

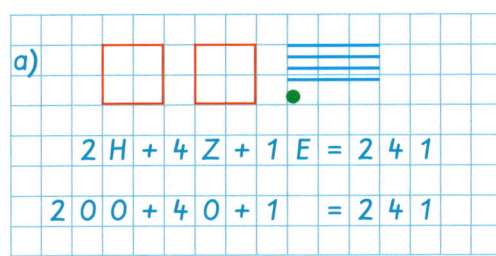

a)
2 H + 4 Z + 1 E = 2 4 1
2 0 0 + 4 0 + 1 = 2 4 1

b)   c)

d)   e)   f)

g)   h)

2 Schreibe in Geheimschrift.

a) 5 H + 4 Z + 7 E	b) 6 H + 1 Z	c) 5 H + 2 E	d) 321	e) 307
4 H + 2 Z + 5 E	1 H + 6 Z	2 H + 5 E	231	370

3 Schreibe fünf Zahlen in Geheimschrift. Dein Partner schreibt die Zahlen dazu.

4 Welche Zahlen sind es?

a) 7 H + 4 Z = 7 4 0
8 H + 2 E =

b) 2 H + 4 Z + 6 E	c) 4 H + 2 E	d) 4 H + 5 Z	e) 9 H + 3 E
7 H + 3 Z + 9 E	4 Z + 2 E	6 H + 3 E	3 Z + 9 E
5 H + 1 Z + 5 E	4 H + 2 Z	8 Z + 4 E	9 H + 3 Z

5

a) 1 2 Z = 1 H + 2 Z = 1 2 0
2 3 Z = 2 H +

b) 15 Z	c) 31 Z	d) 50 Z	e) 69 Z
27 Z	13 Z	71 Z	26 Z
34 Z	29 Z	71 E	26 E

6

a) 4 Z + 15 E	b) 15 Z + 5 E	c) 4 H + 12 Z	d) 9 H + 27 E	e) 14 Z + 12 E
7 Z + 11 E	19 Z + 3 E	5 H + 19 Z	7 H + 33 E	41 Z + 28 E
8 Z + 21 E	14 Z + 9 E	7 H + 14 Z	8 H + 12 Z	63 Z + 19 E

7 Welche Zahlen sind es?

a)
b)   c)
d)   e)

8

a) Meine Zahl hat 8 Hunderter, 6 Zehner und 5 Einer.

b) Meine Zahl hat 3 Hunderter, 2 Zehner und 5 Einer.

c) Meine Zahlt hat 6 Einer und halb so viele Zehner und 5 Hunderter.

d) Meine Zahl hat 4 Zehner und 1 Einer. Die Hunderterziffer ist doppelt so groß wie die Zehnerziffer.

1 Schreibe für die Buchstaben die passenden Zahlen auf.

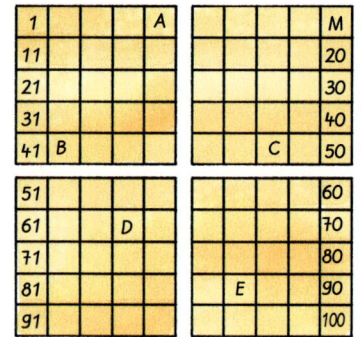

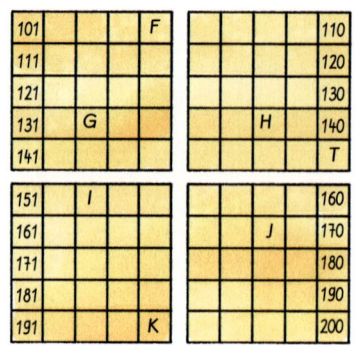

2
a) Lies deinem Partner eine Zahl vor. Er zeigt sie in der Hundertertafel.
b) Dein Partner zeigt eine Zahl in der Hundertertafel. Nenne die Zahl.

3 Lege ein Plättchen auf eine Zahl zwischen 1 und 100.
Dein Nachbar legt ein Plättchen an die gleiche Stelle in einer anderen Hundertertafel.
Wie heißen eure Zahlen?

4 Welche Zahlen stehen unter a) 75 b) 175 c) 575 d) 675 e) 375 f) 975?

5 Welche Zahlen stehen über a) 43 b) 153 c) 553 d) 853 e) 253 f) 953?

6 Welche Zahlen fehlen? Schreibe sie in dein Heft.

a)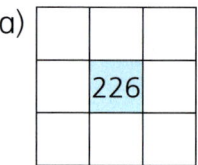

b)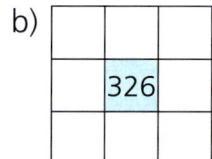

c)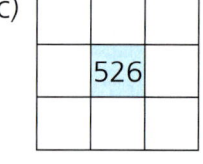

d)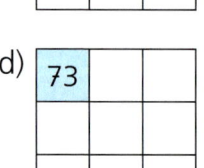

e)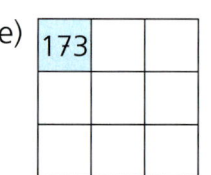

f)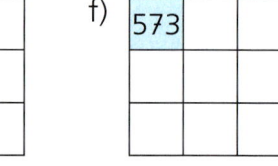

7
a) 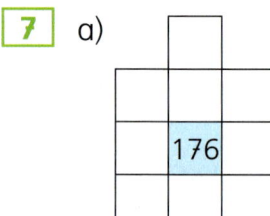 b) 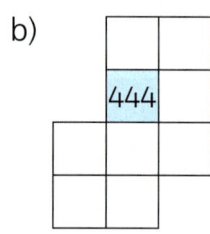 c) 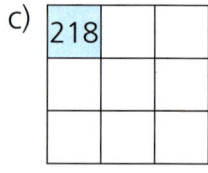 d) 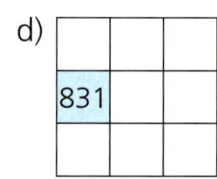 e)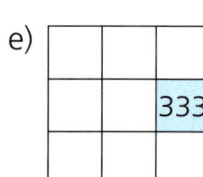

8 Starte immer bei 673. Schreibe auf, wo du ankommst.
a) 2 Schritte nach links
b) 5 Schritte nach rechts
c) 5 Schritte nach oben
d) 2 Schritte nach unten

9 Auf welcher Zahl kommst du an?
a) Starte bei 418. Gehe 3 Schritte nach unten, dann 4 Schritte nach links.
b) Starte bei 689. Gehe 4 Schritte nach oben, dann 7 Schritte nach links.
c) Starte bei 891. Gehe 6 Schritte nach rechts, dann 6 Schritte nach oben.

H	Z	E
2	4	6

1
a) Die Kinder legen mit Ziffernkarten dreistellige Zahlen.
Wie heißt die Zahl?
b) Die Kinder tauschen die Ziffernkarten untereinander. Welche dreistelligen Zahlen
können noch entstehen? Schreibe die Zahlen auf.

2
Nehmt drei verschiedene Ziffernkarten und legt damit dreistellige Zahlen.
a) Wie viele verschiedene Zahlen könnt ihr damit legen? Schreibt sie auf und zerlegt sie.
b) Wie heißt die größte Zahl? Unterstreicht sie rot.
c) Wie heißt die kleinste Zahl? Unterstreicht sie blau.

3
Nehmt diese drei Ziffernkarten.
a) Legt eine dreistellige Zahl und schreibt sie auf.
b) Wie viele dreistellige Zahlen könnt ihr damit legen?
Ordnet sie der Größe nach und schreibt sie auf.
c) Worauf müsst ihr achten?
„Bei einer dreistelligen Zahl darf die Null nicht _____."

4
Ordne die Zahlen nach der Größe, die kleinste zuerst. Trage sie in die Stellentafel ein.
a) 465   564   645   546   654   456
b) 892   289   298   928   829   982
c) 87   780   8   178   78   800
d) 305   53   350   3   503   35

5
Material: – Ziffernkarten von 0 bis 9
(jede zweimal)
Spielverlauf: – Legt die Ziffernkarten
verdeckt auf den Tisch.
– Jedes Kind zieht drei
Karten und bildet
eine Zahl.
– Wer die größte Zahl hat,
erhält einen Punkt.
– Nun mischt und spielt
noch einmal.
– Gewonnen hat, wer
zuerst fünf Punkte hat.

6
a) ☀ $2 \cdot 8$	b) ☀ $5 \cdot 6$	c) ☀ $5 \cdot 7$	d) ☀ $10 \cdot 9$	e) ☀ $5 \cdot 9$
$3 \cdot 8$	$6 \cdot 6$	$4 \cdot 7$	$9 \cdot 9$	$6 \cdot 9$
$4 \cdot 8$	$7 \cdot 6$	$3 \cdot 7$	$8 \cdot 9$	$7 \cdot 9$

7
a) $12 : 6$	b) $40 : 8$	c) $45 : 9$	d) $70 : 7$	e) $80 : 8$
$18 : 6$	$48 : 8$	$36 : 9$	$63 : 7$	$72 : 8$
$24 : 6$	$56 : 8$	$27 : 9$	$56 : 7$	$64 : 8$

1 Zahline hat in der Stellentafel mit Plättchen Zahlen gelegt. Wie heißen die Zahlen?

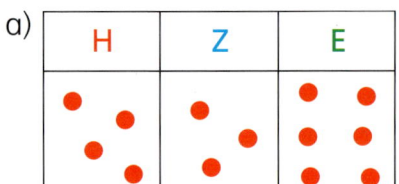

a)

H	Z	E

b)

H	Z	E

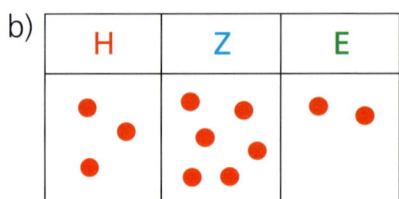

c)

H	Z	E

2 Wie heißt Zahlines Zahl?

H	Z	E

Wie heißt die Zahl, wenn Zahline …
a) ein Plättchen bei den Hundertern dazulegt?
b) ein Plättchen bei den Zehnern dazulegt?
c) ein Plättchen bei den Einern wegnimmt?
d) ein Plättchen bei den Hundertern wegnimmt?

3 Schreibe immer die Zahl und ihre Quersumme auf.

Zahl: 324
Quersumme: 9

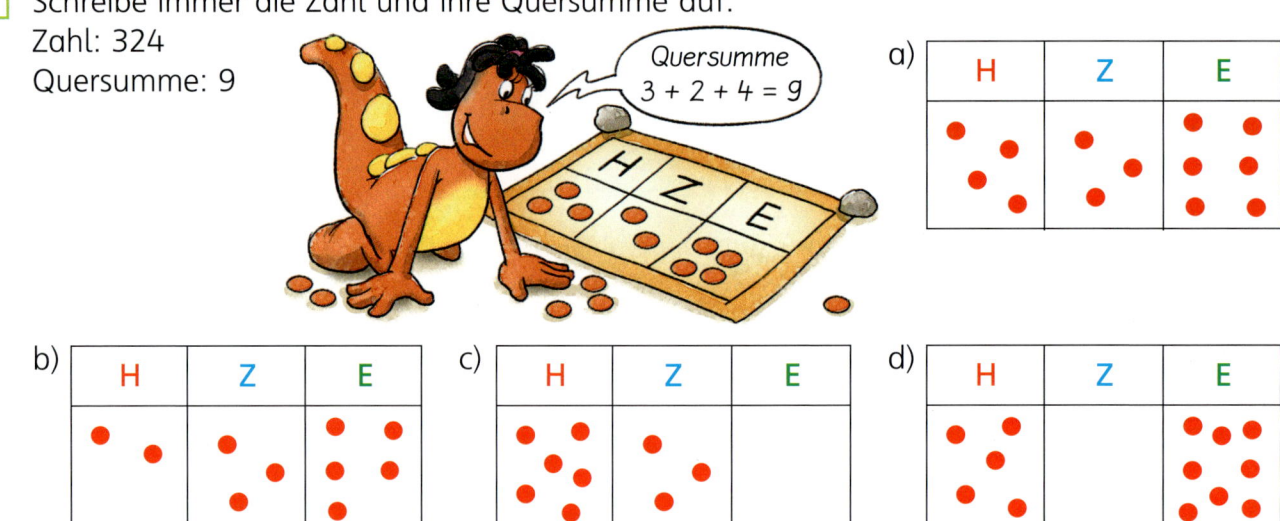

Quersumme
3 + 2 + 4 = 9

a)

H	Z	E

b)

H	Z	E

c)

H	Z	E

d)

H	Z	E

4 a) Welche Zahlen kannst du mit drei Plättchen in der Stellentafel legen?
Wie heißt ihre Quersumme?

b) Mit vier Plättchen kannst du 15 Zahlen in der Stellentafel legen.
Findest du alle Zahlen? Wie heißt ihre Quersumme?

5 Wie heißt Zahlines Zahl? Wie heißt die Quersumme der Zahl?

H	Z	E

Zahlix legt die Plättchen anders.
Wie heißt die Zahl, wie heißt ihre Quersumme, wenn Zahlix

a) ein Plättchen von den Einern zu den Hundertern legt?

b) vier Plättchen von den Zehnern zu den Einern schiebt?

c) ein Plättchen von den Hundertern zu den Zehnern schiebt
und ein Plättchen von den Hundertern zu den Einern legt?

6 Lege die Zahl 645 mit Plättchen in der Stellentafel. Wie heißt die Zahl, wenn du

a) ein Plättchen von den Einern zu den Hundertern legst,

b) ein Plättchen von den Zehnern zu den Einern schiebst?

7 Schreibe fünf dreistellige Zahlen auf

a) mit der Quersumme 12,   b) mit der Quersumme 16   c) mit der Quersumme 25.

1 Zahline hat in der Stellentafel mit Plättchen eine Aufgabe gelegt. Erkläre.
Schreibe die passende Plusaufgabe auf.

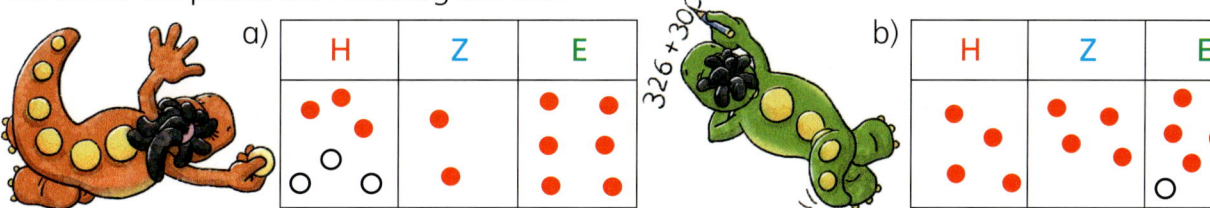

a)

H	Z	E

b)

H	Z	E

326 + 300

2 Schreibe die Plusaufgabe auf.

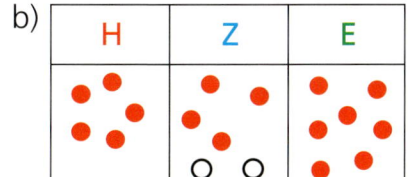

a)

H	Z	E

b)

H	Z	E

c)

H	Z	E

3

a) 250 + 300	b) 405 + 200	c) 304 + 300	d) 524 + 400	e) 113 + 500
250 + 30	405 + 20	304 + 30	524 + 40	113 + 50
250 + 3	405 + 2	304 + 3	524 + 4	113 + 5

118   163   253   280   307   334   354   407   425   528   550   564   604   605   613   924

4 a)

| 423 | 243 | 342 | + | 400 | 40 | 4 |

b)

| 236 | 524 | 605 | + | 200 | 20 | 2 |

c) Vergleiche die Quersumme der Ergebnisse. Was fällt auf?

5 Zahline hat in der Stellentafel mit Plättchen eine Zahl gelegt und dann Plättchen
weggenommen. Erkläre. Schreibe die passende Minusaufgabe auf.

a)

H	Z	E

b)

H	Z	E

6 Schreibe die Minusaufgabe auf.

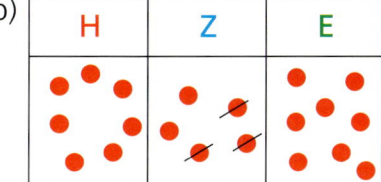

a)

H	Z	E

b)

H	Z	E

c)

H	Z	E

7

a) 536 − 300	b) 875 − 300	c) 496 − 200	d) 898 − 500	e) 384 − 100
536 − 30	875 − 30	496 − 20	898 − 50	384 − 10
536 − 3	875 − 3	496 − 2	898 − 5	384 − 1

236   284   296   374   383   398   476   494   498   506   533   575   845   848   872   893

8 a)

| 867 | 768 | 687 | − | 500 | 50 | 5 |

b)

| 793 | 838 | 964 | − | 300 | 30 | 3 |

c) Vergleiche die Quersumme der Ergebnisse. Was fällt auf?

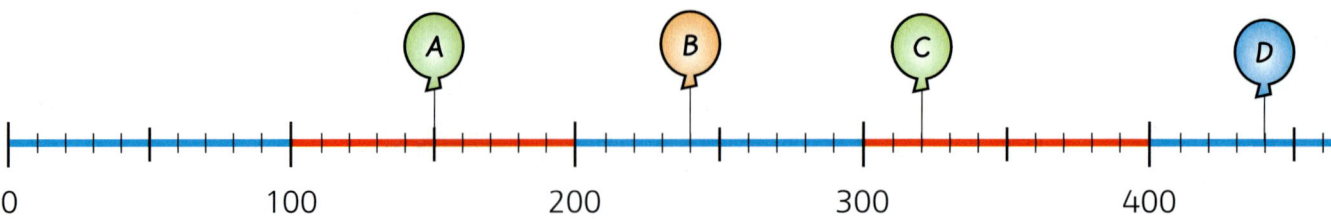

1 Bei welchen Zahlen stehen die Ballons? *A: 150, B:*

2 Zähle und zeige am Zahlenstrahl.

a) 120, 140, 160, …, 300   b) 300, 250, 200, …, 0   c) 240, 280, 320, …, 600
   520, 540, 560, …, 700   850, 800, 750, …, 500   710, 760, 810, …, 1010
   660, 690, 720, …, 900   720, 700, 680, …, 400   220, 250, 280, …, 520

3 Zeige am Zahlenstrahl und rechne vor zum nächsten Hunderter.

a) 330 + ___ = 400   b) 180 + ___ = 200   c) 595 + ___ = 600   d) 775 + ___ = 800
   310 + ___ = 400   780 + ___ = 800   535 + ___ = 600   225 + ___ = 300
   395 + ___ = 400   380 + ___ = 400   585 + ___ = 600   545 + ___ = 600

4 Zeige am Zahlenstrahl und rechne zurück zum nächsten Hunderter.

a) 760 − ___ = 700   b) 370 − ___ = 300   c) 425 − ___ = 400   d) 345 − ___ = 300
   720 − ___ = 700   670 − ___ = 600   475 − ___ = 400   775 − ___ = 700
   785 − ___ = 700   275 − ___ = 200   455 − ___ = 400   625 − ___ = 600

5 Zeige am Zahlenstrahl. Wie heißen die beiden Nachbarhunderter?
Unterstreiche den Nachbarhunderter rot,
der am nächsten an der Zahl liegt.

a) 340   b) 835   c) 666   d) 403   e) 291
   670   515   787   999   111

3 0 0	3 4 0	4 0 0	
6 0 0	6 7 0		

6 Nach rechts werden die Zahlen am Zahlenstrahl immer größer, nach links werden die
Zahlen immer kleiner. Zeige die Zahlen, dann setze ein < oder >.

a) 167 ○ 162   b) 392 ○ 364   c) 434 ○ 443   d) 873 ○ 773
   178 ○ 187   302 ○ 298   522 ○ 519   940 ○ 904
   182 ○ 179   370 ○ 317   765 ○ 675   617 ○ 681
   138 ○ 183   314 ○ 313   633 ○ 823   743 ○ 734

7 Lars hat nicht immer das richtige Zeichen eingesetzt. Schreibe richtig.

a) 2 7 6 < 2 6 7	b) 7 4 6 > 4 6 7	c) 4 7 5 < 4 5 7	d) 6 0 9 > 6 9 0
5 8 3 > 5 3 8	3 8 3 > 8 3 3	9 4 6 < 9 6 4	8 5 9 > 8 9 5

8 a)   b)   c)

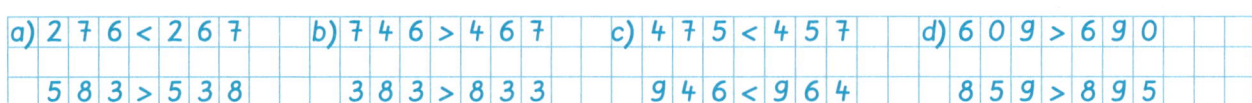

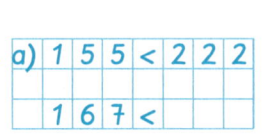

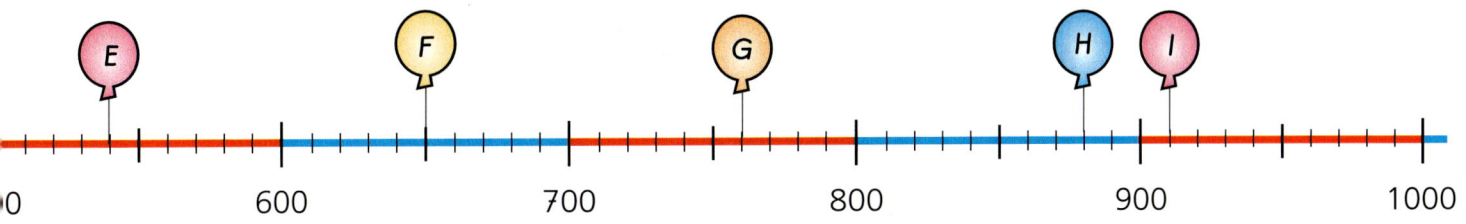

1 Vorwärts und rückwärts in Einerschritten.
Von der Startzahl aus immer drei Schritte.

a) 543   b) 607   c) 495   d) 502   e) 998

a) 5 4 3,	5 4 4,	5 4 5,	5 4 6
5 4 3,	5 4 2,		

2 Vorwärts und rückwärts in Zweierschritten. a) 582   b) 498   c) 612   d) 521   e) 997

3 Vorwärts und rückwärts in Zehnerschritten. a) 550   b) 535   c) 605   d) 573   e) 981

4 Wie heißen die beiden Nachbarzehner zu den Zahlen in den Ballons? Ergänze wie im Beispiel.

A: 5 8 6   586 + 4 = 5 9 0
              586 − 6 = 5 8 0

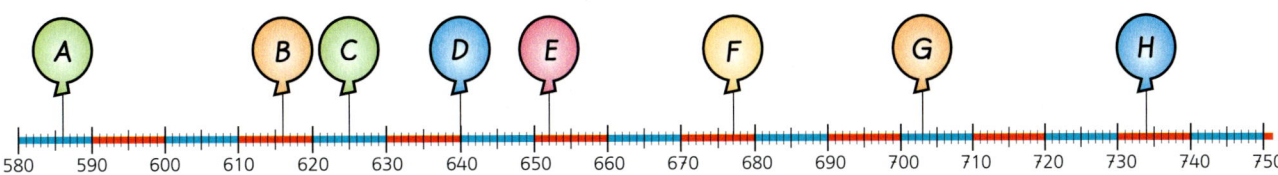

A B C D E F G H

580 590 600 610 620 630 640 650 660 670 680 690 700 710 720 730 740 750

5 Zeige am Zahlenstrahl. Wie heißen die Nachbarzehner?
Unterstreiche den Nachbarzehner blau,
der am nächsten an der Zahl liegt.

a) 288   b) 333   c) 371   d) 407   e) 999   f) 312   g) 345   h) 395   i) 429

a) 2 8 0	2 8 8	2 9 0
b) 3 3 0	3 3 3	

6 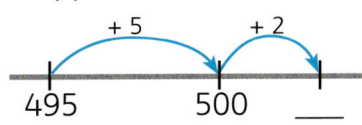 a) Schreibe eine Zahl zwischen 100 und 1000 auf.
Deine Nachbarin schreibt die Nachbarzehner und die Nachbarhunderter.

4 0 0	4 3 0	4 3 7	4 4 0	5 0 0

b) Unterstreicht den Nachbarzehner blau, der am nächsten an der Zahl liegt.

c) Unterstreicht den Nachbarhunderter rot, der am nächsten an der Zahl liegt.

7 Schreibe den Vorgänger (V) und den Nachfolger (N) auf.

a)
V	Zahl	N
	184	
	237	
	499	

V	Zahl	N
1 8 3	1 8 4	1 8 5
	2 3 7	

b)
V	Zahl	N
	463	
	888	
	701	

c)
V	Zahl	N
	706	
		499
	199	

8 Stopp am Hunderter.

+ 5   + 2
495   500   ___

a) 495 + 7   b) 498 + 5   c) 596 + 6   d) 798 + 7
   495 + 8   494 + 9   599 + 8   897 + 8
   495 + 6   497 + 6   597 + 7   999 + 9

9 − 3   − 4
___   700   704

a) 704 − 7   b) 703 − 6   c) 605 − 9   d) 403 − 7
   704 − 8   701 − 8   602 − 6   703 − 8
   704 − 6   702 − 4   601 − 5   304 − 9

1   Schaue dir die Terrasse an.
Welche Formen wurden beim Bau benutzt?

2   Wählt einen Ausschnitt aus. Legt das Muster mit den passenden Plättchen nach.

3   Legt die Muster nach links und rechts weiter.

a)

b)

c)

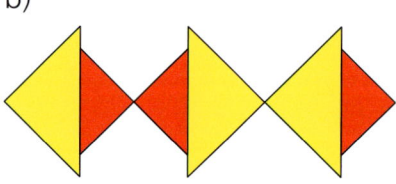

4   Legt die Muster nach links, rechts, oben und unten weiter.

a)   b)   c)

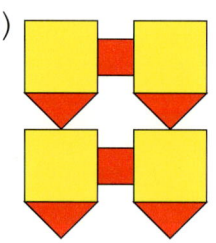
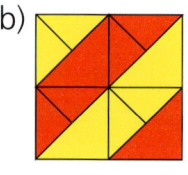
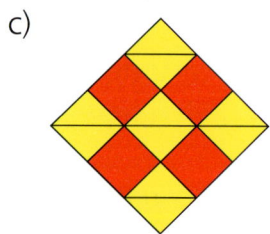

5   Lege mit vier roten und vier gelben Dreiecken diese Quadrate.

a)   b)   c)   d)   e)

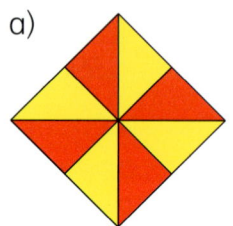
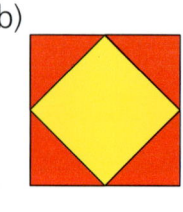
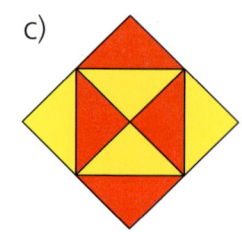
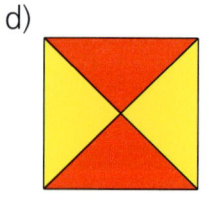
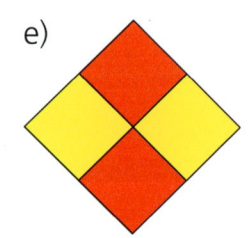

6   Lege mit vier roten und vier gelben Dreiecken diese Dreiecke.

a)   b)   c)   d)

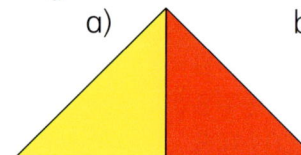
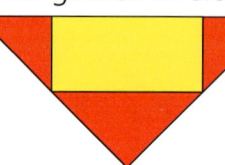

1 Kannst du die Muster in dein Heft zeichnen?

a)

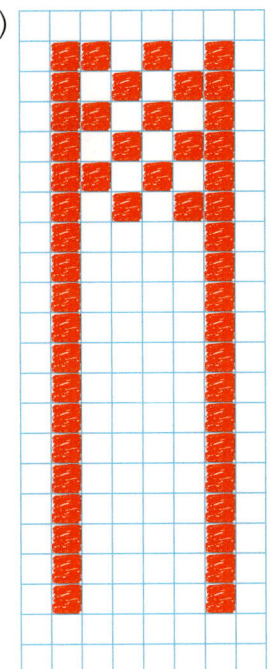

b)

2 Zeichne die Muster in dein Heft und setze sie fort.

a)

c)

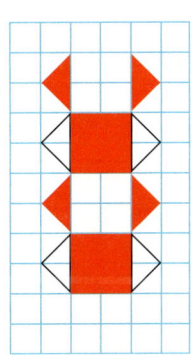

d)

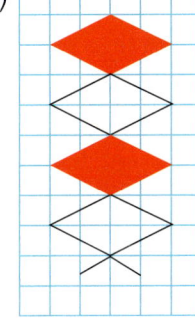

b)

3 Zeichne die Muster in dein Heft und setze sie fort.

a)

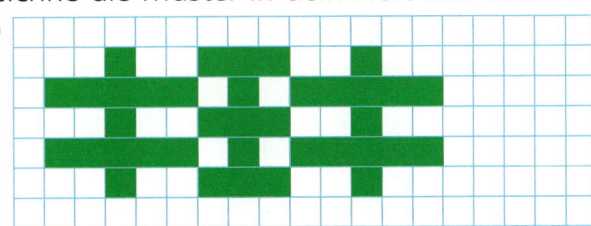

b)

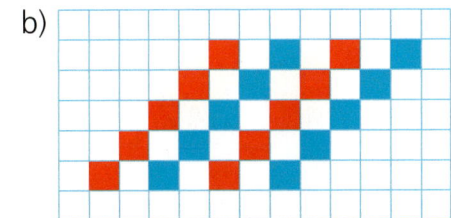

4 a) Hier stimmt etwas nicht. Finde die Fehler.

b) Zeichne die Muster richtig in dein Heft.

c) Zeichne die Muster in dein Heft. Zeichne alle Strecken doppelt so lang.

A

B

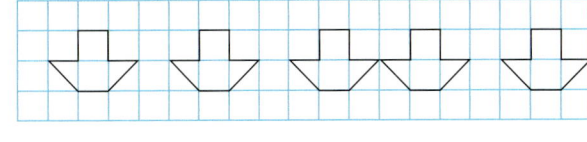

C

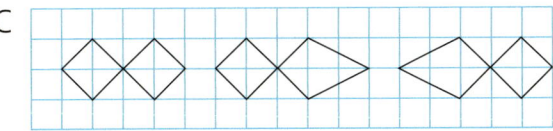

D

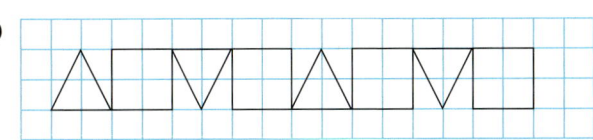

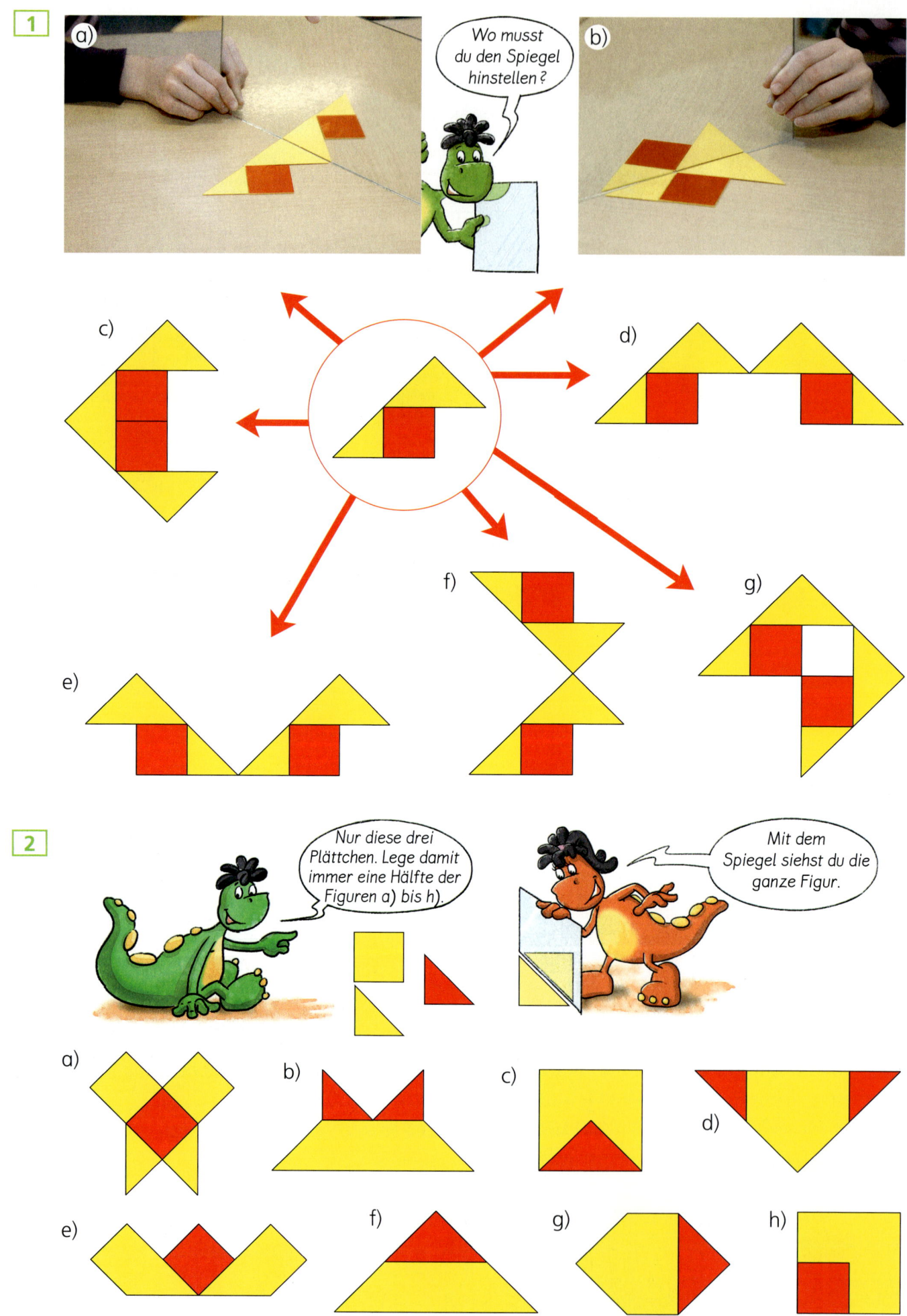

Spiegeln am Geobrett

1 Zwei Geobretter, eine Symmetrieachse. Spanne die Figur auf einem Geobrett.
Dein Partner spannt das Spiegelbild auf dem zweiten Geobrett.
Kontrolliert mit dem Spiegel.

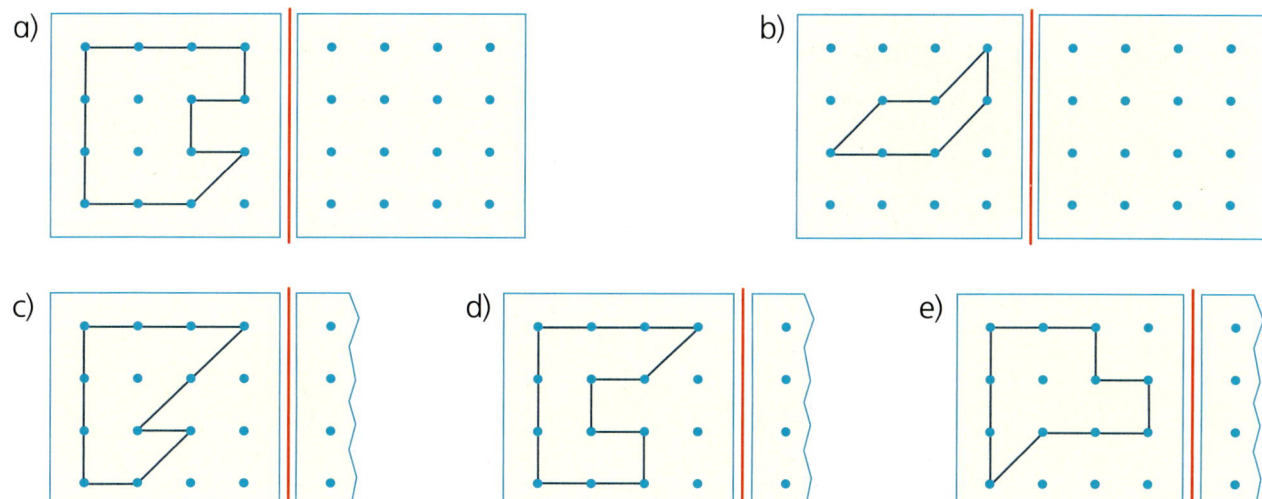

a)

b)

c)

d)

e)

2 Vier Geobretter, zwei Symmetrieachsen, vier Figuren. Spannt die Figur auf einem Geobrett.
Dann spannt alle Spiegelbilder. Kontrolliert mit dem Spiegel.

a)

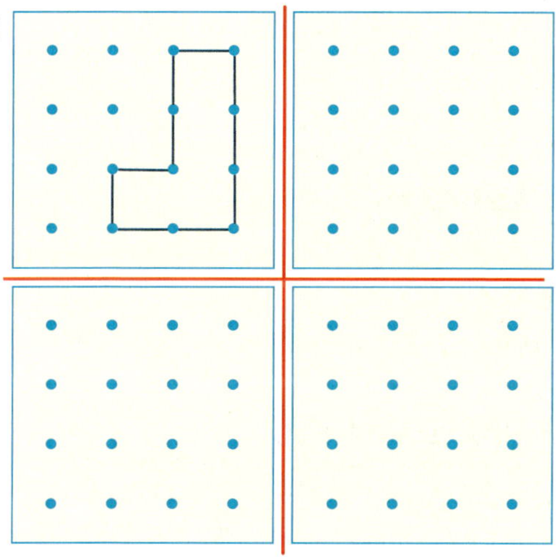

b)

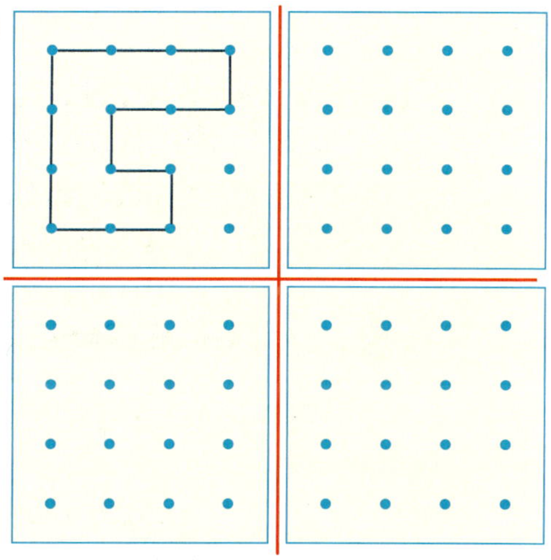

c)

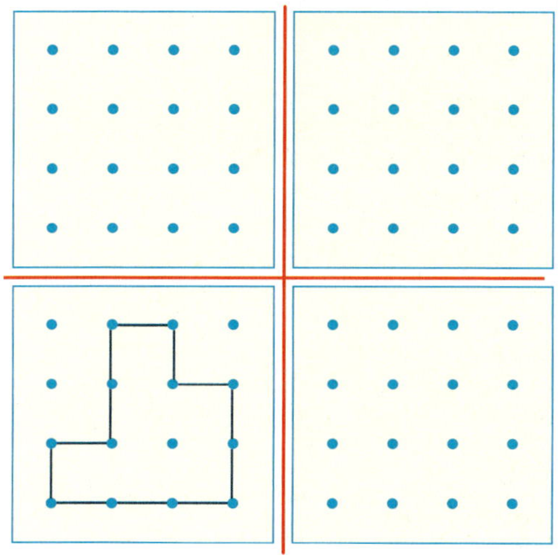

d)

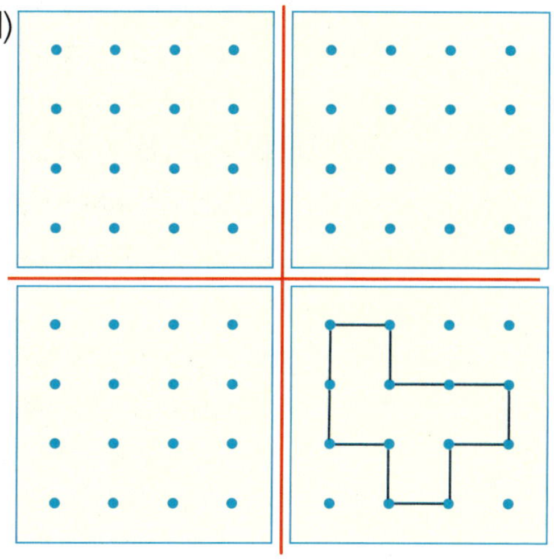

3 Arbeitet zu viert. Einer spannt eine Figur auf dem Geobrett.
Die anderen spannen die drei Spiegelbilder wie in Aufgabe 2.

1 │ Zeichne die Figur in dein Heft. Die Punkte helfen dir dabei. Die Figur hat eine
Symmetrieachse. Zeichne sie ein. Überprüfe mit dem Spiegel.

a)

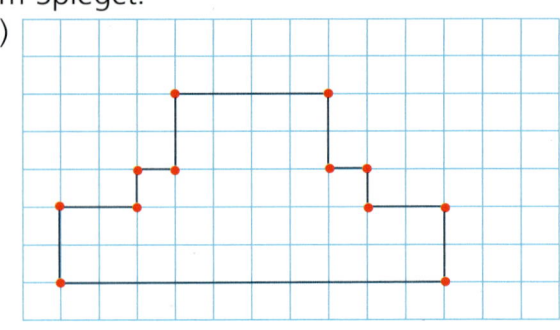

b) 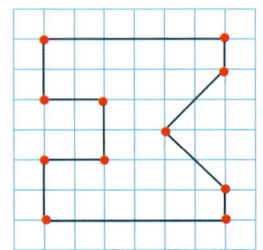　　　c)　　　d) 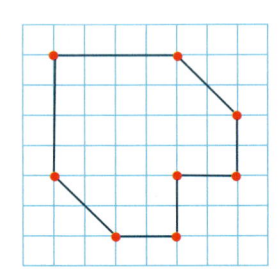　　　e)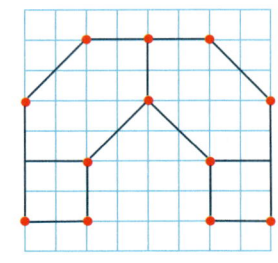

2 │ Zeichne die Figur und die Symmetrieachse in dein Heft. Dann ergänze die Figur.

a) 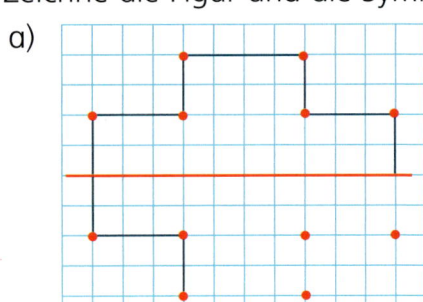　　　b) 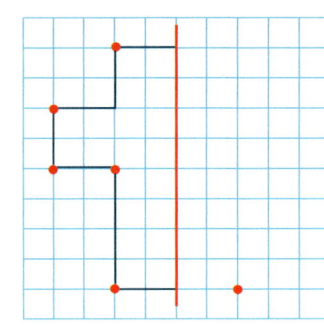　　　c)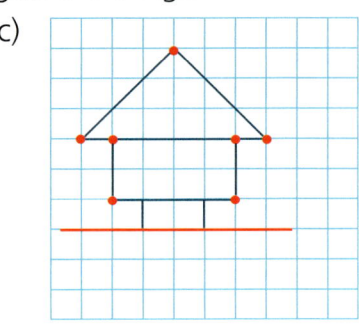

3 │ Zeichne die Figur und die Symmetrieachse in dein Heft. Dann ergänze die Figur.

a) 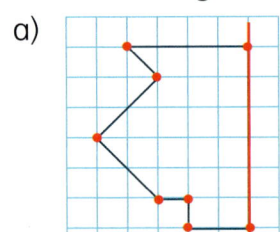　　b) 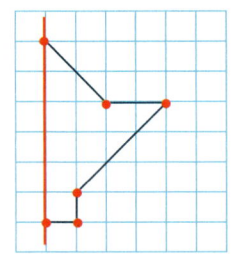　　c) 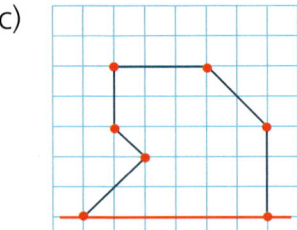　　d)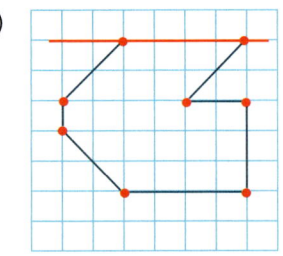

4 │ Zeichne immer beide Figuren in dein Heft.
Beginne mit den Punkten.
Die eine Figur ist das Spiegelbild der anderen Figur.
Zeichne die Spiegelachse ein.

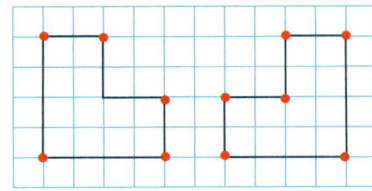　　　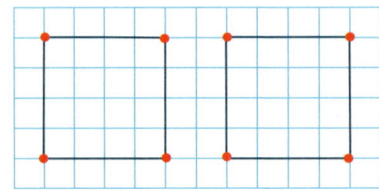　　　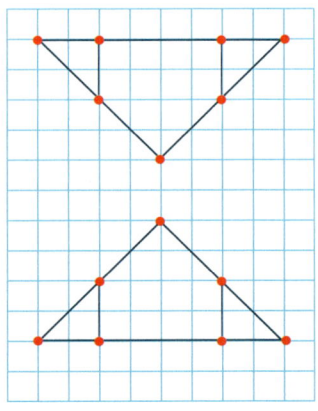

1 a) Zeichne die Figuren ab.
   Zeichne dazu die nächste Figur.

b) Aus wie vielen Kästchen besteht
   die nächste Figur?

c) In der untersten Reihe sind 11 Kästchen.
   Aus wie vielen Kästchen besteht die Figur insgesamt?

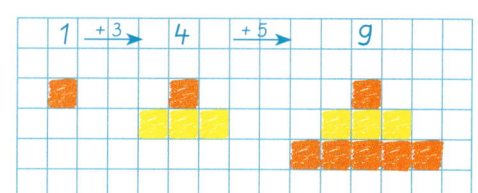

2

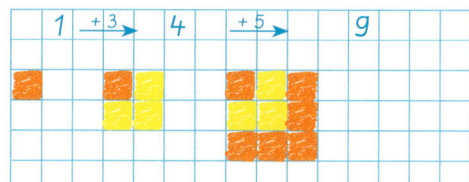

a) Zeichne die Figuren ab. Zeichne noch zwei weitere Figuren.

b) Aus wie vielen Kästchen besteht die nächste Figur?

c) An ein Quadrat werden 9 Kästchen gezeichnet.
   Aus wie vielen Kästchen besteht das neue Quadrat?

Ich zeichne die Quadrate so ...

3 a) Zeichne die Muster ab und zeichne
   drei weitere Figuren dazu.

b) Finde zu jedem Rechteck eine Malaufgabe.

c) Das Rechteck ist neun Kästchen breit.
   Aus wie vielen Kästchen besteht es?

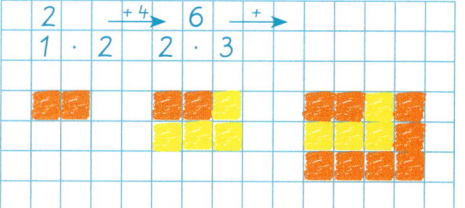

4 Zeichne die Muster ab und zeichne
zwei weitere Figuren dazu.
Wie viele Kästchen kommen jedesmal hinzu?
Wie viele Kästchen sind es insgesamt?

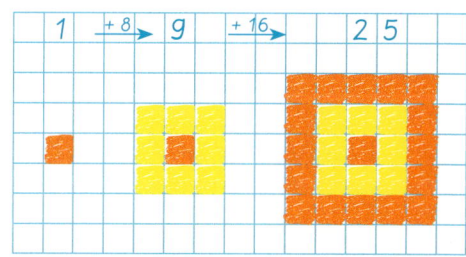

5 a) 2 · 8   b) 5 · 6   c) 5 · 7   d) 10 · 9   e) 5 · 9
      3 · 8   6 · 6   4 · 7   9 · 9   6 · 9
      4 · 8   7 · 6   3 · 7   8 · 9   7 · 9

6 a) 12 : 6   b) 40 : 8   c) 45 : 9   d) 70 : 7   e) 80 : 8
      18 : 6   48 : 8   36 : 9   63 : 7   72 : 8
      24 : 6   56 : 8   27 : 9   56 : 7   64 : 8

7 a) 92 + 8   b) 96 + 9   c) 80 + 30   d) 70 + 78   e) 68 + 80
      99 + 1   98 + 6   70 + 60   90 + 43   84 + 60
      93 + 7   99 + 4   90 + 40   80 + 23   97 + 30

8 a) 102 – 6   b) 104 – 9   c) 110 – 40   d) 136 – 60   e) 117 – 40
      202 – 6   204 – 9   150 – 60   128 – 70   124 – 50

1 a)

340 460 653 678 666 430 >

b)

272 276 722 726 728 227 <

2 Rechne vor und zurück zum nächsten Zehner.

5 7 6 + 4 = 5 8 0
5 7 6 − 6 = 5 7 0

a) 576   b) 284   c) 712
342   987   604
121   873   597

3 Rechne vor und zurück zum nächsten Hunderter.

6 8 0 + 2 0 = 7 0 0
6 8 0 − 8 0 = 6 0 0

a) 680   b) 210   c) 685
730   395   855
490   575   945

4 a) 83 + 14   b) 22 + 35   c) 57 + 36
   183 + 14   122 + 35   157 + 36

5 a) 97 − 15   b) 76 − 52   c) 84 − 26
   197 − 15   176 − 52   184 − 26

6 a) 142 + 56   b) 165 − 32   c) 191 − 87
   173 + 25   194 − 81   142 − 35
   115 + 73   138 − 17   174 − 37
   124 + 15   146 − 25   156 − 29

7 Schreibe die nächsten vier Zahlen auf.
   a) Immer + 5: 17, 22, …
   b) Immer + 8: 21, …
   c) Immer − 5: 96, …

8 Wie heißen die Zahlen?

a) ☐☐☐ ⸺ ..   b) ☐ ⸺ ....   c) ☐☐☐ ⸺ ....

d) ☐ ⸺ .....   e) ☐☐☐☐ ⸺ ...   f) ☐☐ ⸺

9 Schreibe in Geheimschrift.
   a) 3 H + 2 Z + 3 E   b) 6 H + 4 E   c) 3 H + 2 Z + 4 E   d) 4 Z + 4 E
      3 H + 3 Z + 2 E   6 H + 4 Z   4 H + 5 Z + 2 E   4 H + 4 E

10 Welche Zahlen sind es?
   a) 4 H + 2 Z + 6 E   b) 6 H + 4 Z + 6 E   c) 1 H + 1 Z + 1 E   d) 6 H + 3 Z
      4 H + 6 Z + 2 E   8 H + 6 Z + 4 E   9 H + 9 Z + 2 E   6 H + 3 E
      4 H + 2 Z + 2 E   7 H + 3 Z + 3 E   8 H + 4 Z + 4 E   3 H + 6 Z

11 Hier musst du umwandeln.
   a) 2 H + 11 Z   b) 1 H + 12 Z + 3 E   c) 1 H + 10 Z + 3 E   d) 2 H + 12 Z + 14 E
      3 H + 14 Z   2 H + 17 Z + 8 E   2 H + 18 Z + 9 E   6 H + 14 Z + 11 E

12 Bilde dreistellige Zahlen und ordne sie der Größe nach. Beginne mit der kleinsten Zahl.
   a) Ziffern 1, 4, 7   b) Ziffern 2, 5, 8   c) Ziffern 0, 9, 7

Frage – Lösung – Antwort

1 Welche Fragen kannst du beantworten?

a) Wie viele Jungen sind in der Klasse 3c?

b) Wie alt ist die Lehrerin der Klasse 3b?

c) In welcher Klasse sind die meisten Jungen?

d) In welcher Klasse sind die wenigsten Mädchen?

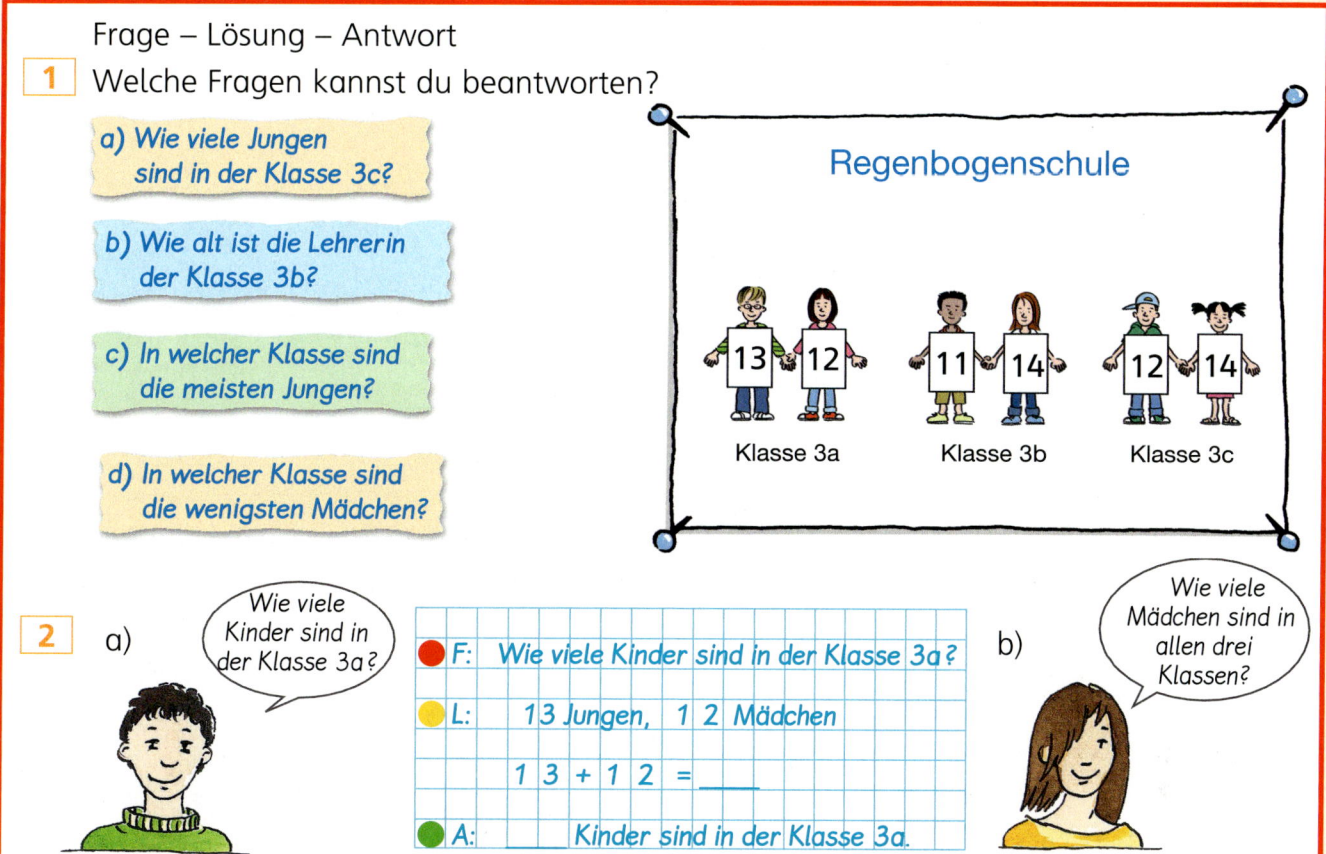

Regenbogenschule

| 13 | 12 | 11 | 14 | 12 | 14 |

Klasse 3a   Klasse 3b   Klasse 3c

2 a)

Wie viele Kinder sind in der Klasse 3a?

● F: Wie viele Kinder sind in der Klasse 3a?

◐ L: 13 Jungen, 12 Mädchen

13 + 12 = ___

● A: ___ Kinder sind in der Klasse 3a.

b)

Wie viele Mädchen sind in allen drei Klassen?

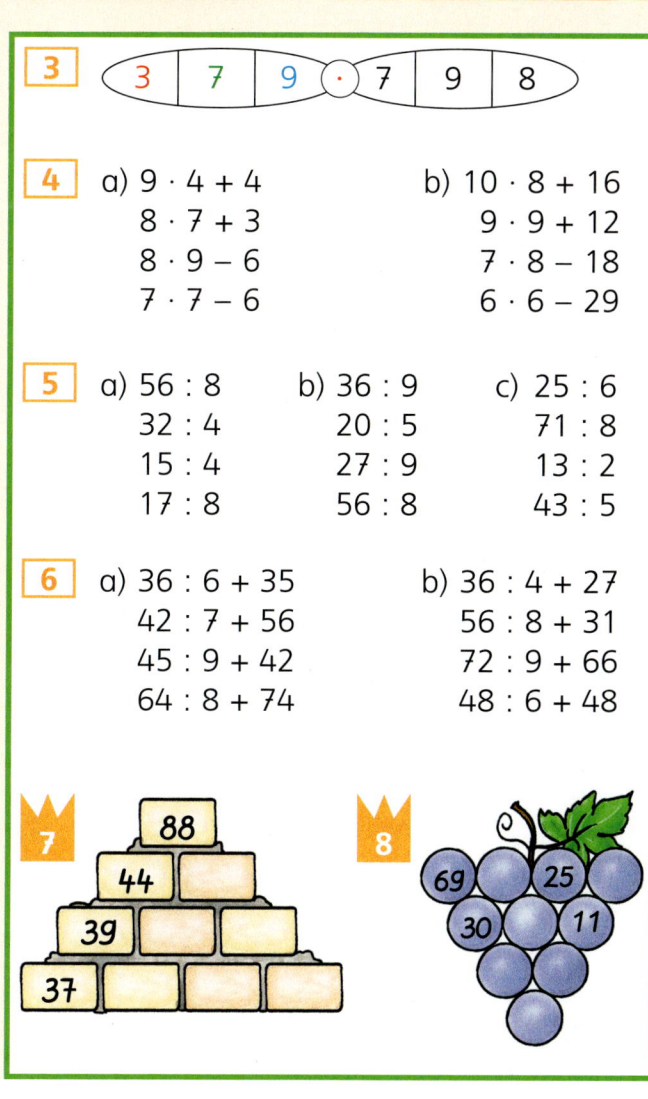

3 | 3 | 7 | 9 | · | 7 | 9 | 8 |

4
a) 9 · 4 + 4
8 · 7 + 3
8 · 9 − 6
7 · 7 − 6

b) 10 · 8 + 16
9 · 9 + 12
7 · 8 − 18
6 · 6 − 29

5
a) 56 : 8
32 : 4
15 : 4
17 : 8

b) 36 : 9
20 : 5
27 : 9
56 : 8

c) 25 : 6
71 : 8
13 : 2
43 : 5

6
a) 36 : 6 + 35
42 : 7 + 56
45 : 9 + 42
64 : 8 + 74

b) 36 : 4 + 27
56 : 8 + 31
72 : 9 + 66
48 : 6 + 48

7
88
44
39
37

8
69 25
30 11

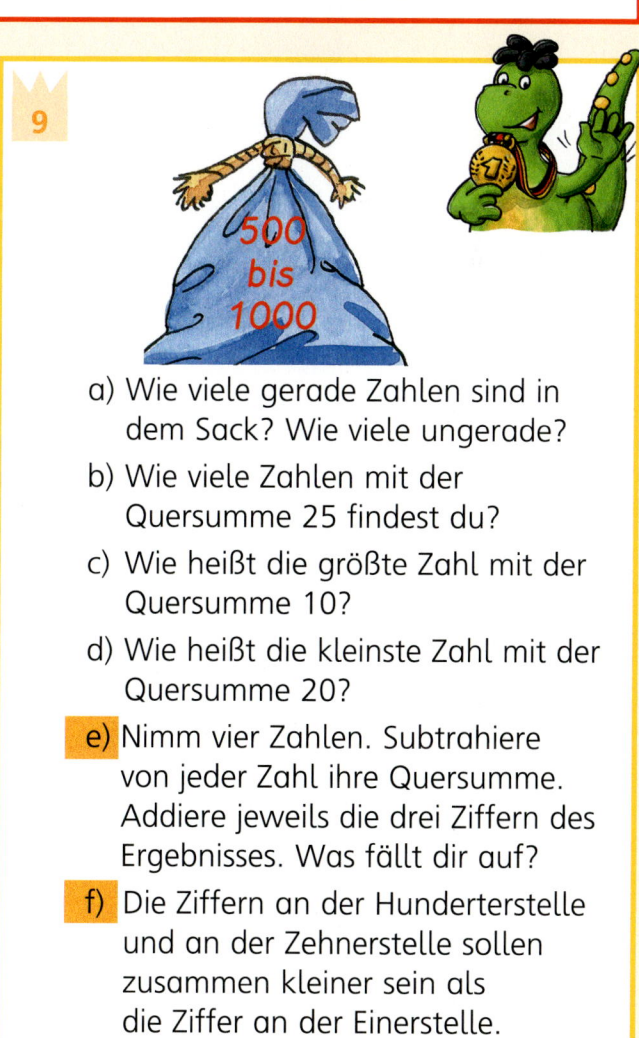

9

500 bis 1000

a) Wie viele gerade Zahlen sind in dem Sack? Wie viele ungerade?

b) Wie viele Zahlen mit der Quersumme 25 findest du?

c) Wie heißt die größte Zahl mit der Quersumme 10?

d) Wie heißt die kleinste Zahl mit der Quersumme 20?

e) Nimm vier Zahlen. Subtrahiere von jeder Zahl ihre Quersumme. Addiere jeweils die drei Ziffern des Ergebnisses. Was fällt dir auf?

f) Die Ziffern an der Hunderterstelle und an der Zehnerstelle sollen zusammen kleiner sein als die Ziffer an der Einerstelle. Wie viele Zahlen gibt es?

Rechnen mit großen Zahlen

Klasse 1
6 + 7

6, 10, 13

Klasse 2
36 + 7

36, 40, 43

836, 840, 843

Klasse 3
836 + 7

Klasse 4
5 836 + 7

1 Rechne zuerst die Grundaufgabe, dann die Aufgabenfreunde.

a) 8 + 5
58 + 5
258 + 5

b) 9 + 6
39 + 6
739 + 6

c) 14 – 6
74 – 6
574 – 6

d) 15 – 8
65 – 8
365 – 8

2 Schreibe zu jeder Grundaufgabe einen Aufgabenfreund im ersten Hunderter und einen Aufgabenfreund in einem anderen Hunderter auf.

a) 7 + 6

b) 5 + 8

c) 8 + 7

d) 7 + 9

e) 16 – 9

f) 14 – 6

g) 13 – 8

h) 12 – 4

3 Denke immer zuerst an die Grundaufgabe.

a) 608 + 7
306 + 5
471 + 4
786 + 8
565 + 9

b) 306 + 6
839 + 4
744 + 8
823 + 5
486 + 9

c) 401 + 5
274 + 7
183 + 9
465 + 8
537 + 4

d) 518 – 6
374 – 7
625 – 8
957 – 9
488 – 5

e) 191 – 6
466 – 8
235 – 7
555 – 9
829 – 7

4 a) 267 458 766 (+) 5 7 9

b) 403 925 764 (+) 8 6 9

5 a) 342 753 971 (–) 5 7 9

b) 256 462 874 (–) 8 6 9

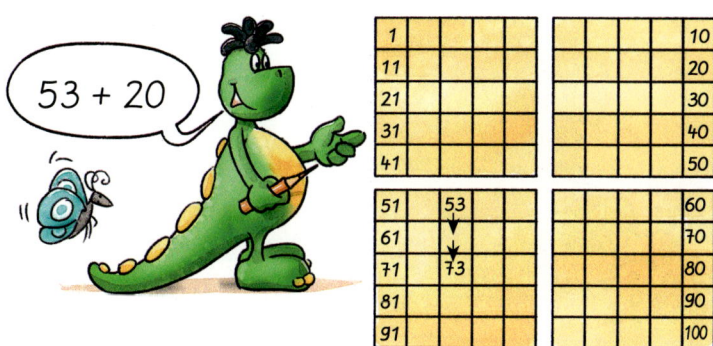 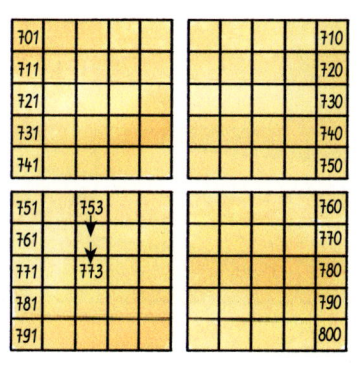 

1 a)

53 + 20
753 + 20
253 + 20
953 + 20

b)

32 + 40
632 + 40
932 + 40
432 + 40

c)

58 + 30
258 + 30
758 + 30
458 + 30

d)

16 + 70
316 + 70
716 + 70
516 + 70

e)

44 + 30
544 + 30
344 + 30
944 + 30

2 Schreibe zu jeder Grundaufgabe vier Aufgabenfreunde.

a) 26 + 60   b) 18 + 40   c) 25 + 40   d) 19 + 80   e) 43 + 50

3 a) 424 + 40   b) 243 + 50   c) 817 + 60   d) 907 + 40   e) 327 + 40
618 + 50   423 + 70   734 + 20   405 + 80   824 + 60

4 a)

56 – 30
856 – 30
256 – 30
956 – 30

b)

71 – 60
371 – 60
771 – 60
471 – 60

c)

86 – 50
386 – 50
886 – 50
586 – 50

d)

62 – 40
662 – 40
962 – 40
462 – 40

e)

95 – 70
295 – 70
795 – 70
195 – 70

5 Schreibe zu jeder Grundaufgabe vier Aufgabenfreunde.

a) 74 – 50   b) 82 – 60   c) 61 – 30   d) 77 – 30   e) 73 – 70

6 a) 686 – 60   b) 573 – 20   c) 329 – 20   d) 189 – 50   e) 289 – 60
794 – 40   948 – 30   778 – 50   448 – 40   875 – 50

7 a) 538 226 347 (+) 30 50 40   b) 483 975 794 (−) 50 70 60

8 a) 138 + 20 / 238 + 20 / 338 + 20   b) 805 + 10 / 815 + 20 / 825 + 30   c) 106 + 70 / 216 + 60 / 326 + 50   d) 978 – 20 / 878 – 20 / 778 – 20   e) 992 – 10 / 882 – 20 / 772 – 30

9 a) Welche Aufgabenfolge aus Aufgabe 8 ist gemeint?
Regel A: Die erste Zahl wird immer um 100 kleiner, das Ergebnis auch.
Regel B: Beide Zahlen werden immer um 10 größer, das Ergebnis wird um 20 größer.
Regel C: Die erste Zahl wird immer um 110 größer, die zweite Zahl immer
um 10 kleiner. Das Ergebnis wird um 100 größer.
b) Schreibe auch die Regeln für die beiden anderen Aufgabenfolgen auf.

8 Starke Aufgaben: Gesetzmäßigkeit erkennen. Aufgabenfolge fortsetzen.

1 Wie rechnest du?

a) 645 + 18
706 + 85
354 + 37

b) 929 + 64
133 + 50
512 + 66

c) 440 + 33
839 + 52
715 + 65

d) 176 + 23
200 + 96
347 + 18

e) 438 + 40
916 + 67
610 + 76

183   199   296   365   391   473   478   578   678   663   686   780   791   891   983   993

2

a)

+ 16	
23	
623	
923	

b)

+ 18	
43	
543	
843	

c)

+ 24	
36	
436	
636	

d)

+ 35	
17	
217	
417	

e)

+ 17	
28	
328	
628	

3 a) Alle Ergebnisse haben die Quersumme 13.

239   311   437 (+) 8   26   53

b) Quersumme 15

509   725   806 (+) 19   37   55

4

a) 418 + 23
428 + 23
438 + 23

b) 676 + 17
666 + 27
656 + 37

c) 225 + 14
235 + 15
245 + 16

d) 875 + 17
865 + 27
855 + 37

e) 506 + 45
516 + 44
526 + 43

5

349 + 27 = _____

(350 + 26)

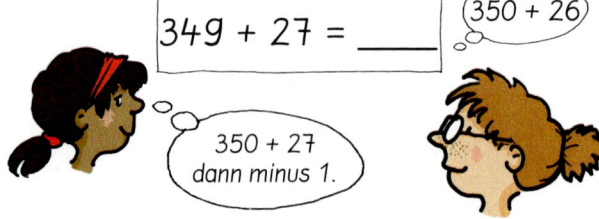

350 + 27
dann minus 1.

Alle Ergebnisse haben die Quersumme 16.

a) 349 + 27
539 + 35
649 + 42
169 + 27

b) 259 + 27
536 + 29
439 + 45
639 + 43

c) 24 + 469
34 + 639
65 + 419
23 + 659

4 Starke Aufgaben: Gesetzmäßigkeit erkennen. Aufgabenfolge fortsetzen.

1 Wie rechnest du?

a) 379 − 58
778 − 56
496 − 54

b) 434 − 21
397 − 54
872 − 41

c) 353 − 38
463 − 27
645 − 26

d) 743 − 26
751 − 37
726 − 18

e) 874 − 47
884 − 58
765 − 36

315   321   343   413   436   442   463   619   708   714   722   717   729   826   827   831

2

a)

− 16	
32	
432	
932	

b)

− 38	
76	
276	
576	

c)

− 24	
48	
348	
748	

d)

− 47	
85	
585	
885	

e)

− 58	
90	
690	
990	

3

a) 286 598 847 ⊖ 35 48 26

b) 576 299 684 ⊖ 54 18 65

4

a) 530 − 13
540 − 14
550 − 15

b) 443 − 27
453 − 26
463 − 25

c) 781 − 30
771 − 29
761 − 28

d) 680 − 28
681 − 38
682 − 48

e) 285 − 11
287 − 22
289 − 33

5 a) Welche Aufgabenfolge aus Aufgabe 4 ist gemeint?
Regel A: Die erste Zahl wird um 2 größer, die zweite Zahl wird um 11 größer, das Ergebnis wird um 9 kleiner.
Regel B: Die erste Zahl wird um 10 kleiner, die zweite Zahl wird um 1 kleiner, das Ergebnis wird um 9 kleiner.
Regel C: Die erste Zahl wird um 1 größer, die zweite Zahl wird um 10 größer, das Ergebnis wird um 9 kleiner.

b) Schreibe auch die Regeln für die beiden anderen Aufgabenfolgen auf.

6

374 − 29 = _____

374 − 30, dann plus 1.

Alle Ergebnisse haben die Quersumme 12.

a) 374 − 29
592 − 49
535 − 28
549 − 69

b) 759 − 27
609 − 39
446 − 29
483 − 48

c) 684 − 69
938 − 35
467 − 59
879 − 39

4 Starke Aufgaben: Gesetzmäßigkeit erkennen. Aufgabenfolge fortsetzen.

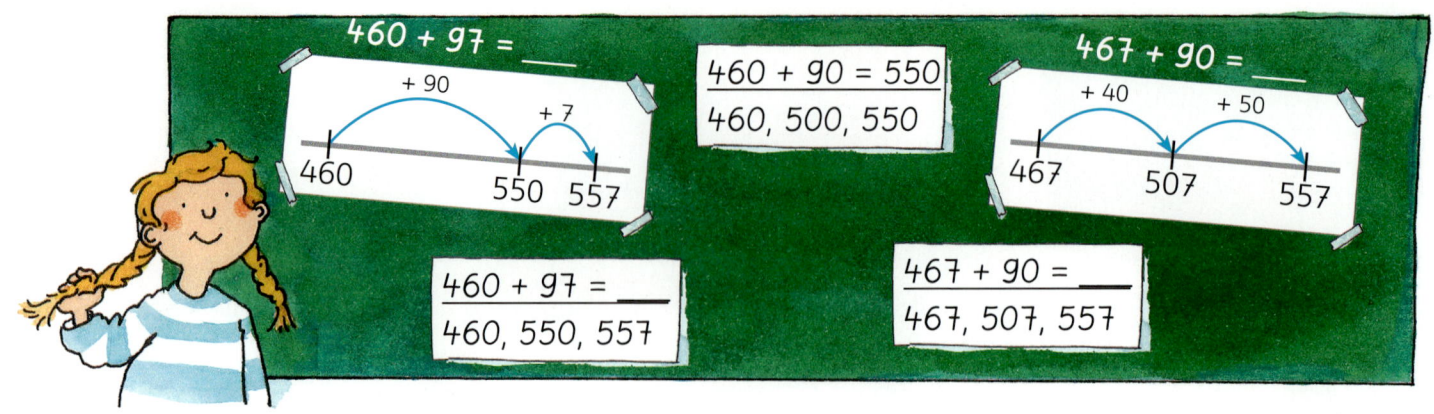

460 + 97 = ___

+ 90   + 7
460   550 557

460 + 90 = 550
460, 500, 550

467 + 90 = ___

+ 40   + 50
467   507   557

460 + 97 =
460, 550, 557

467 + 90 = ___
467, 507, 557

1
a) 260 + 80
290 + 60
270 + 90

b) 570 + 70
590 + 40
520 + 60

c) 380 + 50
330 + 60
350 + 70

d) 640 + 70
290 + 30
450 + 60

e) 660 + 70
380 + 80
450 + 50

320   340   350   360   390   420   430   460   490   500   510   580   630   640   710   730

2
a) 180 + 60
182 + 60
185 + 60
187 + 60

b) 190 + 40
193 + 40
198 + 40
195 + 40

c) 370 + 50
371 + 50
375 + 50
379 + 50

d) 460 + 80
460 + 82
460 + 87
460 + 85

e) 360 + 50
360 + 53
360 + 58
360 + 56

3
a) 273 + 60
277 + 60
275 + 60

273, 303, 333

b) 385 + 50
381 + 50
389 + 50

c) 490 + 43
490 + 46
490 + 42

d) 560 + 63
560 + 67
560 + 69

4
a)
+ 50	
70	
270	
570	

b)
+ 40	
66	
366	
766	

c)
+ 70	
193	
493	
893	

d)
+ 88	
50	
550	
850	

e)
+ 67	
180	
380	
780	

5
a) 173 + 50
173 + 60
173 + 70

b) 856 + 80
866 + 70
876 + 60

c) 244 + 40
254 + 50
264 + 60

d) 907 + 80
897 + 70
887 + 60

e) 662 + 50
672 + 40
682 + 30

6

457 + 90 = ___

447 + 100

457 + 100, dann minus 10.

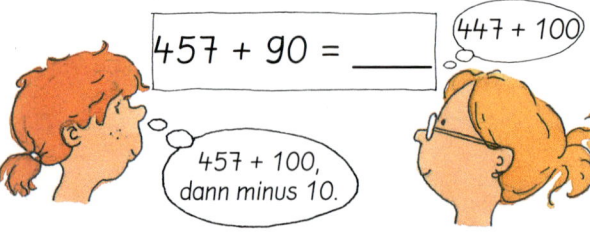

a) 457 + 90
358 + 90
637 + 90
575 + 80

b) 806 + 90
425 + 90
414 + 90
327 + 90

c) 367 + 99
736 + 99
665 + 98
533 + 95

---

5 Starke Aufgaben: Gesetzmäßigkeit erkennen. Aufgabenfolge fortsetzen.

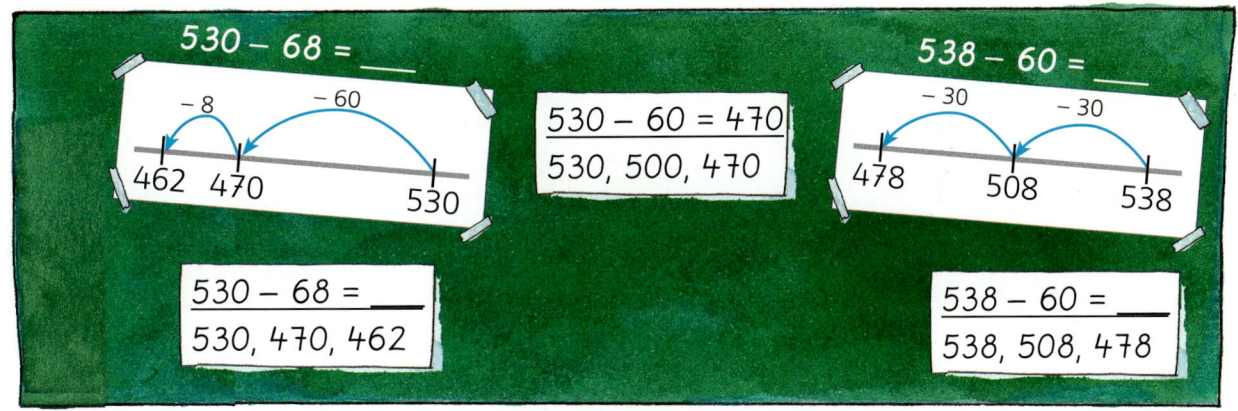

1
a) 620 – 60
650 – 80
610 – 70

b) 460 – 80
410 – 40
420 – 60

c) 750 – 90
730 – 60
740 – 50

d) 550 – 70
340 – 60
620 – 40

e) 810 – 60
230 – 80
640 – 40

150　280　360　370　380　480　540　560　570　580　600　660　670　690　720　750

2
a) 420 – 60
421 – 60
427 – 60
425 – 60

b) 610 – 40
612 – 40
619 – 40
615 – 40

c) 360 – 80
363 – 80
367 – 80
366 – 80

d) 730 – 70
730 – 71
730 – 75
730 – 73

e) 250 – 90
250 – 91
250 – 93
250 – 97

3
a) 327 – 60
325 – 60
321 – 60

b) 542 – 70
549 – 70
543 – 70

c) 710 – 44
710 – 46
710 – 48

d) 820 – 52
820 – 58
820 – 54

4
a) – 70

370	
970	
870	

b) – 50

464	
864	
764	

c) – 40

227	
527	
927	

d) – 86

420	
620	
920	

e) – 67

310	
810	
510	

5
a) 243 – 60
243 – 70
243 – 80

b) 326 – 90
336 – 80
346 – 70

c) 636 – 40
646 – 50
656 – 60

d) 766 – 80
656 – 70
546 – 60

e) 624 – 50
634 – 60
644 – 70

6
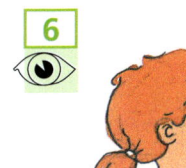
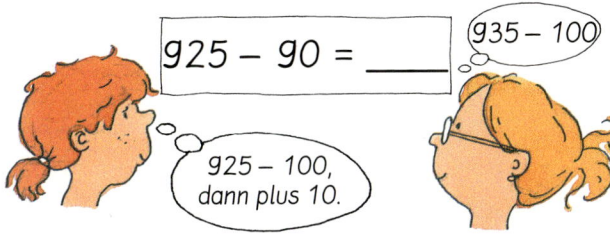

925 – 90 = _____

935 – 100

925 – 100, dann plus 10.

a) 925 – 90
826 – 90
754 – 90
385 – 90

b) 484 – 90
807 – 80
466 – 90
267 – 80

c) 664 – 99
583 – 99
879 – 98
750 – 95

5 Starke Aufgaben: Gesetzmäßigkeit erkennen. Aufgabenfolge fortsetzen.

Über die Hunderter mit Zehner-Einer-Zahlen

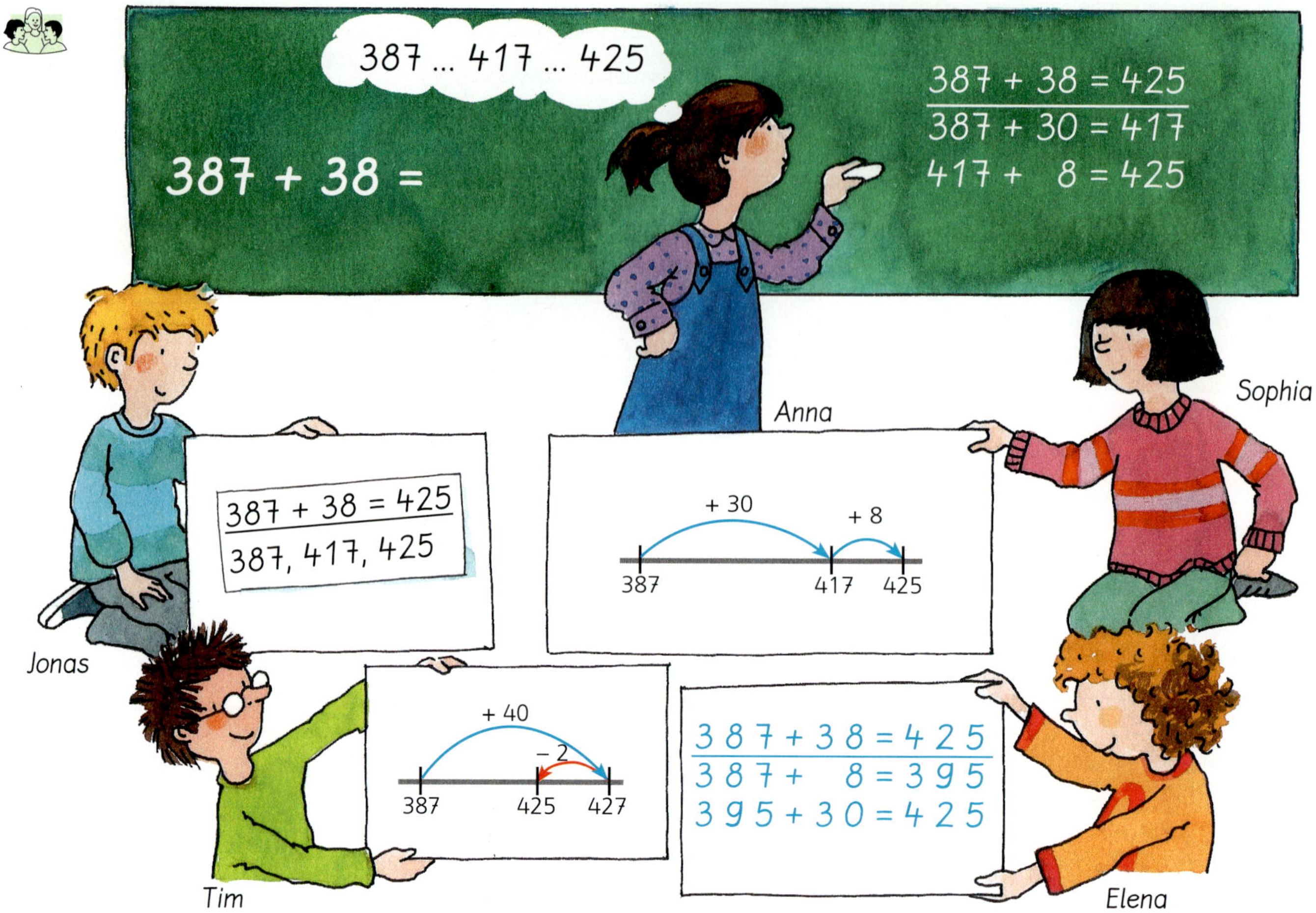
387 ... 417 ... 425
387 + 38 =
387 + 38 = 425
387 + 30 = 417
417 + 8 = 425
Anna
Sophia
387 + 38 = 425
387, 417, 425
+ 30
+ 8
387
417
425
Jonas
+ 40
– 2
387
425
427
387 + 38 = 425
387 + 8 = 395
395 + 30 = 425
Tim
Elena

1

a) 280 + 40
280 + 47
288 + 47

b) 260 + 80
260 + 88
265 + 88

c) 572 + 40
572 + 44
572 + 49

d) 247 + 84
559 + 73
378 + 46

e) 358 + 57
760 + 85
348 + 64

320 327 331 335 340 348 353 412 415 424 612 616 621 632 745 845

2

a)

+ 8	
95	
195	
695	

b)

+ 25	
87	
287	
887	

c)

+ 47	
382	
475	
666	

d)

+ 68	
251	
364	
787	

e)

+ 86	
185	
296	
888	

3

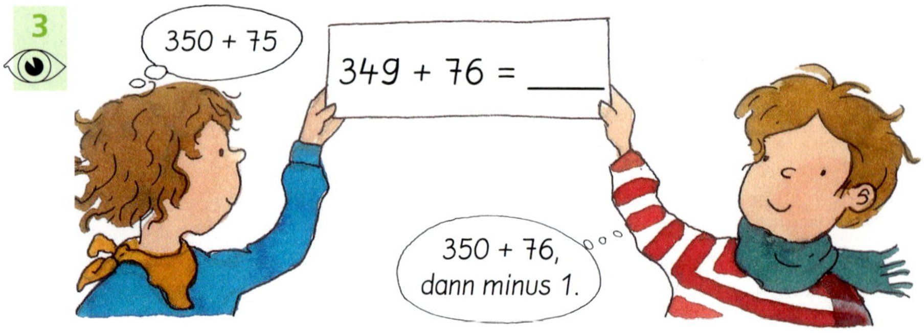
350 + 75
349 + 76 = ____
350 + 76,
dann minus 1.

a) 349 + 76
579 + 35
579 + 29
689 + 37
159 + 87
646 + 79

b) 489 + 45
688 + 19
59 + 474
69 + 785
83 + 889
53 + 279

246 332 425 533 534 608 614
707 725 726 854 972 1000

4 Aufgepasst!

a)

61	120	349	+	51	250	349

b)

68	180	299	+	72	204	299

112 140 171 252 272 311 367 370 371 384 400 410 469 479 489 503 598 599 698

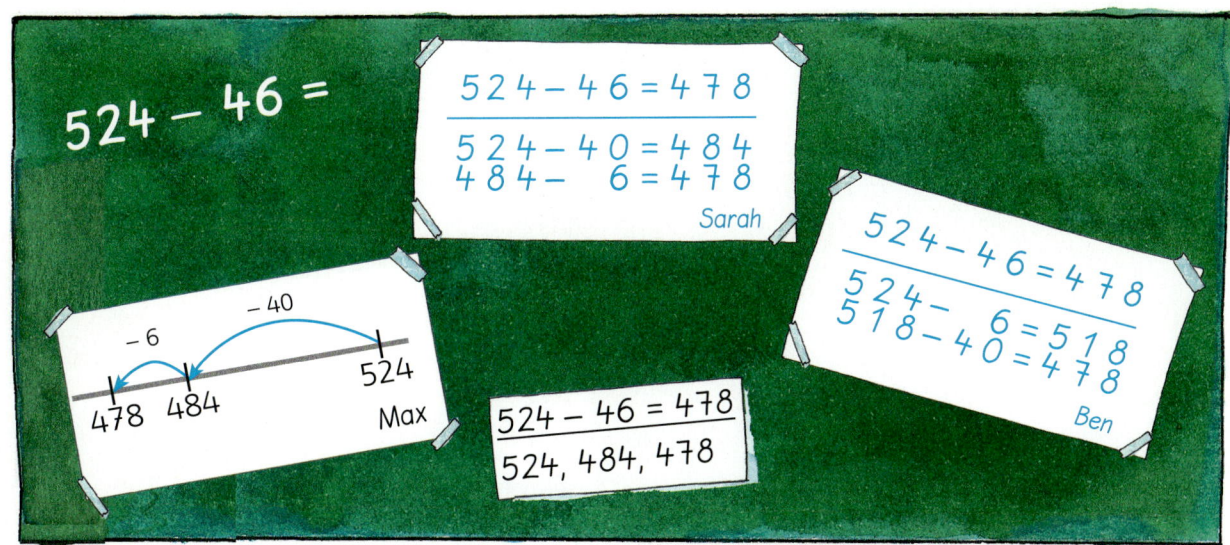

1 Wie rechnest du?

a) 340 – 60
345 – 60
345 – 68

b) 930 – 80
933 – 80
933 – 87

c) 426 – 40
426 – 44
426 – 48

d) 744 – 76
659 – 83
800 – 92

e) 623 – 64
539 – 72
423 – 48

277   280   285   375   378   382   386   467   476   559   576   668   708   846   850   853

2

a)
425 – 40
425 – 50
425 – 60

b)
761 – 80
751 – 79
741 – 78

c)
908 – 38
909 – 48
910 – 58

d)
237 – 42
236 – 41
235 – 40

e)
315 – 21
317 – 32
319 – 43

3

a) – 70

103	
203	
703	
903	

b) – 24

118	
318	
618	
718	

c) – 45

138	
327	
806	
424	

d) – 68

416	
234	
960	
716	

e) – 87

714	
652	
433	
974	

4

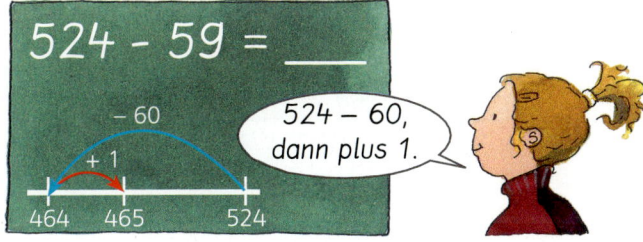

524 – 60,
dann plus 1.

a) 524 – 59
418 – 59
727 – 69
813 – 19

b) 733 – 79
625 – 69
457 – 89
987 – 99

c) 242 – 68
315 – 78
452 – 87
157 – 98

59   174   237   359   365   368   465
507   556   654   658   794   888

5 Du erhältst den Namen eines Baumes.

a) 308 – 98
222 – 78
317 – 77
216 – 27
211 – 16

b) 251 – 56
230 – 38
941 – 59
535 – 67
738 – 73

c) 731 – 35
616 – 56
740 – 47
211 – 58
919 – 64

d) 236 – 68
339 – 63
531 – 56
305 – 89
215 – 68

e) 728 – 56
322 – 46
214 – 86
215 – 89
508 – 76

2 Starke Aufgaben: Gesetzmäßigkeit erkennen. Aufgabenfolge fortsetzen.

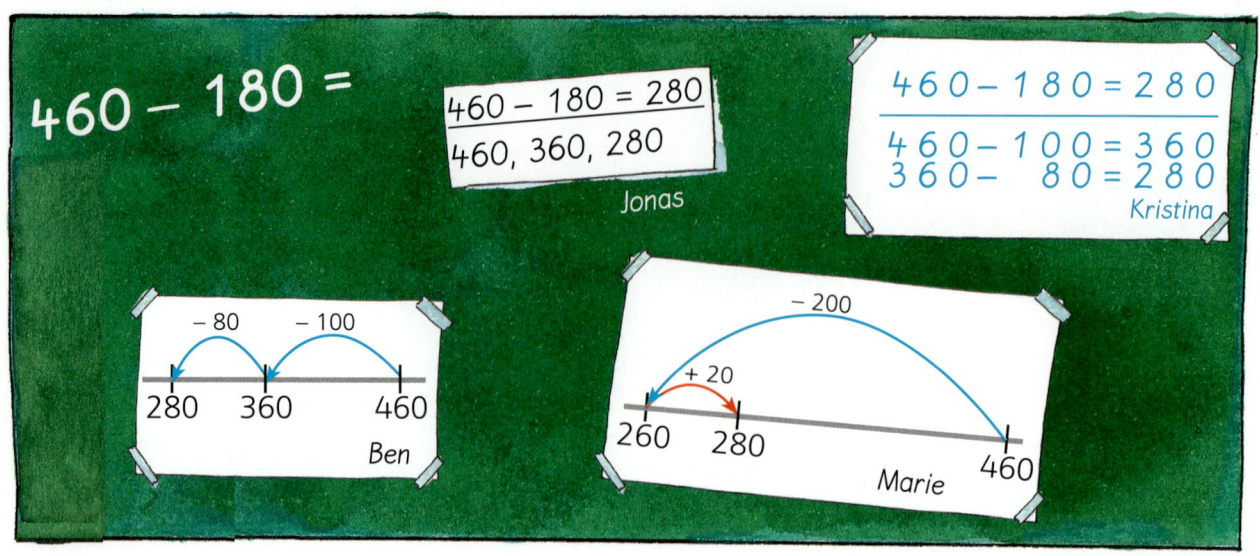

1 Wie rechnest du?

a) 460 − 210   b) 530 − 140   c) 650 − 480   d) 710 − 140   e) 940 − 360
   460 − 240   530 − 230   710 − 480   600 − 140   300 − 190

110   170   220   230   250   300   370   390   460   570   580

2 a) 460 − 180   b) 640 − 260   c) 810 − 350   d) 370 − 160   e) 900 − 700
    461 − 180   642 − 260   816 − 350   378 − 160   905 − 703

3
a)
930 − 380
930 − 480
930 − 580

b)
870 − 250
770 − 250
670 − 250

c)
827 − 650
727 − 550
627 − 450

d)
965 − 70
865 − 170
765 − 270

e)
549 − 310
559 − 320
569 − 330

4 Addiere. Wie rechnest du?

460 + 170 = 630
460 + 100 = 560
560 + 70 = 630

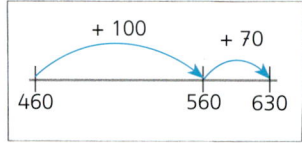

a) 460 + 170   b) 270 + 270
   460 + 280   140 + 390
   460 + 460   390 + 280

530   540   630   670   740   920   950

5 a) 460 + 270   b) 640 + 180   c) 130 + 490   d) 250 + 340   e) 306 + 400
    461 + 270   644 + 180   130 + 495   252 + 340   302 + 404

6
a)
340 + 260
350 + 250
360 + 240

b)
430 + 270
450 + 250
470 + 230

c)
568 + 420
558 + 430
548 + 440

d)
573 + 350
473 + 350
373 + 350

e)
543 + 190
543 + 290
543 + 390

7

370 + 190 = ____   360 + 200

370 + 200, dann minus 10.

a) 370 + 190   b) 290 + 420   c) 450 + 390
   480 + 290   390 + 340   240 + 680
   150 + 380   570 + 150   390 + 550
   360 + 190   290 + 530   320 + 380

530 550 560 570 700 710 720 730 770 820 840 920 940

3, 6 Starke Aufgaben: Gesetzmäßigkeit erkennen, Aufgabenfolge fortsetzen.

 1 Die erste Lokomotive, die in Deutschland Fahrgäste befördert hat, hieß a) _____.
Sie fuhr am 7. Dezember 1835 zum ersten Mal von Nürnberg nach b)_____.

a)	b)
123 + 67	268 – 70
102 + 24	392 – 23
636 + 36	396 – 96
382 + 50	299 – 14
656 + 80	239 – 50

 2 Dampflokomotiven wurden mit a) _____ befeuert. In einem großen Kessel wurde aus b) _____ Dampf erzeugt. Damit wurden die Kolben bewegt und so die Räder angetrieben.

a)	b)
92 + 92	443 – 83
826 + 74	471 – 75
599 + 85	156 – 78
666 + 36	200 – 44
357 + 75	900 – 45
	804 – 68

 3 Heute fahren Züge entweder mit a) _____ oder mit b) _____.

a)	b)
132 + 180	630 – 470
406 + 290	826 – 550
570 + 340	930 – 660
280 + 620	520 – 340
170 + 250	712 – 280
	920 – 470

 4 Der schnellste deutsche Zug ist der ICE 4. Er kann 340 km in einer a) _____ fahren. Der ICE T mit Neigetechnik kann sich in die b) _____ legen und fährt so auf kurvenreichen Strecken schneller als andere Züge.

a)	b)
170 + 80 – 16	333 – 53 + 70
225 + 75 –15	420 – 84 + 64
75 + 75 – 51	507 – 77 + 45
399 + 51 – 45	935 – 36 + 80
591 + 45 – 36	206 – 88 + 77
280 + 69 – 79	

Rechnen, Ergebnisse im Zahlen-ABC (S.136) suchen und Lösungswort aufschreiben.

Schätzen und rechnen

| 47 | 99 | 130 | 290 | 350 | 480 | 502 | 630 |

1 a) Wähle zwei Zahlen. Addiere sie.

b) Die Summe soll kleiner als 400 sein.
Es gibt sechs Aufgaben.

146   177   229   337   389   397

Die passen nicht.

2 Wähle zwei Zahlen und bilde die Summe.

a) Die Summe soll zwischen 600 und 700 liegen.
Es gibt fünf Aufgaben.

601   610   632   640   677

b) Die Summe soll zwischen 400 und 600 liegen.
Es gibt sechs Aufgaben.

420   449   480   527   549   579

3 Neue Zahlen auf der Zahlenleine.
Wähle zwei Zahlen und bilde die Summe.

| 56 | 70 | 98 | 204 | 370 | 388 | 436 | 512 |

a) Die Summe soll kleiner als 400 sein.
Es gibt sechs Aufgaben.   126   154   168   260   274   302

b) Die Summe soll zwischen 500 und 600 liegen.
Es gibt sechs Aufgaben.   506   534   568   574   582   592

c) Die Einerstelle im Ergebnis ist Null.
Es gibt fünf Aufgaben.   260   440   610   640   900

4 Nun wird subtrahiert. Wähle zwei Zahlen und bilde die Differenz.

| 25 | 60 | 95 | 110 | 301 | 450 | 630 | 1000 |

a) Die Differenz soll kleiner als 100 sein.
Es gibt sechs Aufgaben.   15   35   35   50   70   85

b) Die Differenz soll größer als 600 sein.
Es gibt sechs Aufgaben.   605   699   890   905   940   975

c) Die Differenz soll zwischen 300 und 400 liegen.
Es gibt fünf Aufgaben.   329   340   355   370   390

Das Ergebnis einer Subtraktionsaufgabe heißt DIFFERENZ.

5 Verwandte in englischer Sprache.

a) $5 \cdot 9 + 135$	b) $64 : 8 + 307$	c) $8 \cdot 5 + 380$	d) $63 : 9 + 393$
$8 \cdot 4 + 130$	$24 : 4 + 249$	$7 \cdot 8 + 560$	$32 : 4 + 397$
$6 \cdot 6 + 120$	$27 : 3 + 687$	$5 \cdot 9 + 240$	$48 : 8 + \ 94$
$4 \cdot 4 + 180$	$42 : 6 + 793$	$9 \cdot 6 + 630$	$36 : 4 + 693$
$3 \cdot 9 + 120$	$35 : 7 + 427$	$8 \cdot 9 + 360$	$24 : 3 + 657$
$5 \cdot 5 + 200$	$40 : 5 + 728$	$7 \cdot 5 + 440$	

$+400 \rightarrow$
$\leftarrow -400$
$-80 \rightarrow$
$\leftarrow +80$
500

$500 + 80 = 580$
$580 - 400 = \underline{\quad}$

1 Wenn du zu meiner Zahl 400 addierst und dann 80 subtrahierst, erhältst du 500.

2 Wenn du zu meiner Zahl 200 addierst und dann 70 subtrahierst, erhältst du 400.

3 Wenn du zu meiner Zahl 5 addierst und dann das Ergebnis verdoppelst, erhältst du 400.

4 Wenn du von meiner Zahl 230 subtrahierst und dann durch 10 dividierst, erhältst du 7.

5 Wenn du von meiner Zahl 190 subtrahierst und dann mit 7 multiplizierst, erhältst du 35.

6 Addiere zur Summe von 48 und 28 die Zahl 99. Du erhältst so meine Zahl.

7 Verdopple 301 und addiere dazu 199. Du erhältst so meine Zahl.

8 Multipliziere 9 und 7. Addiere zum Ergebnis 437. Du erhältst so meine Zahl.

9 Halbiere 30. Multipliziere dann das Ergebnis mit 10. Du erhältst so meine Zahl.

Boot	1	2
Ergebnis	180	
Buchstabe	S	

Zahlix und Zahline beobachten auf dem S _ _ eine _ _ _ _ _ _ _ _ A.

1 Suche dir Material aus dem Bastelgeschäft aus und lies deiner Nachbarin das Preisschild vor. Sie schreibt den Preis wie Zahline auf drei Weisen. Dann wechselt ab.

2 Lege die Beträge von Aufgabe 1 mit Rechengeld und schreibe so: 1,10 € = 1 € 10 ct = 110 ct

€	ct	
1	1	0
9	4	0
3	0	5
0	9	5
0	5	0

3 Partnerspiel:
Ein Kind legt einen Geldbetrag. Der Partner nennt den Geldbetrag und schreibt ihn auf drei Weisen.

4 Schreibe die Beträge als Kommazahl, dann lies sie vor.

a) 2 € 20 ct   b) 7 € 15 ct   c) 14 € 10 ct   d) 100 ct   e)   4 ct
   5 € 81 ct   10 € 9 ct   20 € 50 ct   10 ct   95 ct
   3 € 99 ct   12 € 5 ct   50 € 80 ct   1 ct   364 ct

5 Es müssen noch Preisschilder für die Waren geschrieben werden. Hilf Zahlix bei der Arbeit.

449 ct = 4,49 €

4,49 €

Preistabelle

Farbkasten	449 ct
Ringbuchmappe	139 ct
Sammelmappe	210 ct
Schülerkalender	490 ct
Zeichenblock	109 ct
Stiftemappe	509 ct
Radiergummi	49 ct
Anspitzer	59 ct

6 Schreibe alle Beträge als Kommazahlen. Ordne sie. Beginne mit dem kleinsten Wert.

7,45 €   7 € 55 ct   705 ct
   425 ct   4 € 15 ct   457 ct

7 Subtrahiere bis zum nächsten vollen Eurobetrag.

a) 5,80 € – ____ € = 5,00 €   80 ct   b) 9,15 €   c) 5,44 €
   7,40 € – ____ € = 7,00 €   = 0,80 €   4,63 €   8,99 €
   9,75 € – ____ € = 9,00 €   3,06 €   2,85 €

8 Wie viel Geld fehlt bis zum nächsten vollen Eurobetrag?

a) 3,90 € + ____ € = 4,00 €   b) 8,25 €   c) 4,42 €   d) 2,12 €   e) 1,27 €
   5,50 € + ____ € = 6,00 €   6,13 €   9,05 €   4,48 €   8,54 €
   7,35 € + ____ € = 8,00 €   7,08 €   1,71 €   3,05 €   9,29 €

1 Zahline kauft Wachsmalstifte und Fingerfarben: Sie hat 10 €. Reicht das Geld? Verstehst du, wie Zahline gerechnet hat?

Pinsel	1,20 €
Lack	2,40 €
Seidenmalfarbe	2,35 €
Seidentuch	2,20 €
Schreibblock	0,75 €
Plakatkarton	0,59 €
Plakatstift	2,90 €
Filzstifte	2,95 €
Wachsmalstifte	3,70 €
Fingerfarben	4,90 €

(Sprechblase: 4 € + 5 €)

2 Wie viel Euro kostet es ungefähr zusammen?

a) Wachsmalstifte und Plakatkarton

b) Seidenmalfarbe und Pinsel

c) Filzstife und Lack

d) Wachsmalstifte und Schreibblock

e) Fingerfarben und Lack

3 a) Wie haben die Kinder den genauen Preis berechnet? Erkläre.

3,70 € + 4,90 € = 8,60 €
3,70 € + 4,00 € = 7,70 €
7,70 € + 0,90 € = 8,60 €
Jonas

+ 5 €
− 10ct
3,70 €   8,60 € 8,70 €
Pia

b) Berechne auch die genauen Preise für Aufgabe 2.

4
a) 3,60 € + 2,30 €
4,20 € + 3,50 €
6,40 € + 2,60 €

b) 4,70 € + 3,70 €
2,80 € + 6,30 €
1,90 € + 4,40 €

c) 6,40 € + 0,85 €
0,55 € + 8,70 €
0,95 € + 6,60 €

d) 2,70 € + 0,65 €
0,85 € + 7,15 €
0,75 € + 0,55 €

1,30 €   3,35 €   5,50 €   5,90 €   6,30 €   7,25 €   7,55 €   7,70 €   8 €   8,40 €   9 €   9,10 €   9,25 €

5 a) Wie viel Geld bezahlen die Kinder?

b) Jedes Kind bezahlt mit einem 10-€-Schein. Wie viel Geld bekommen sie zurück?

Ben: Zwei Packungen Plakatstifte.

Ben
a) 2,90 € + 2,90 € = 5,80 €
b) 5,80 € + ___ € = 10,00 €

Sabrina: Plakatkarton und einen Schreibblock.

Bastian: Einen Schreibblock und Wachsmalstifte.

Kristina: Ein Glas Seidenmalfarbe und Plakatkarton.

Sarah: Seidenmalfarbe und ein Seidentuch.

6 Die beiden Ergebnisse zusammen ergeben immer 10 €.

a) 9,70 € − 3,40 €
7,20 € − 3,50 €

b) 5,40 € − 2,60 €
8,50 € − 1,30 €

c) 8,10 € − 2,30 €
9,10 € − 4,90 €

d) 6,20 € − 0,75 €
5,50 € − 0,95 €

7 Kann das stimmen?

a) Alina kauft zwei Plakatstifte. Sie soll 7 € bezahlen.

b) Herr Kästner soll 225 € bezahlen. Er hat drei Schreibblöcke gekauft.

c) Ben kauft drei Packungen Wachsmalstifte. „Ein 10-€-Schein reicht", meint er.

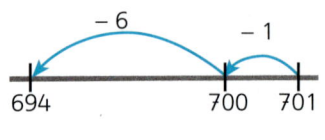
1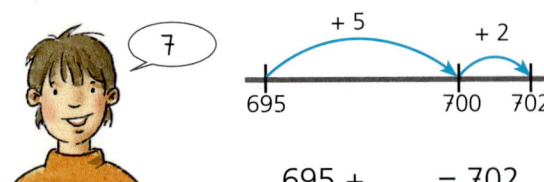

695 + ___ = 702   701 – ___ = 694

a) 695 + ___ = 702   b) 894 + ___ = 902   c) 701 – ___ = 694   d) 702 – ___ = 695
   599 + ___ = 608   197 + ___ = 201   801 – ___ = 795   204 – ___ = 196
   295 + ___ = 304   698 + ___ = 704   907 – ___ = 899   301 – ___ = 292
   399 + ___ = 402   595 + ___ = 603   603 – ___ = 598   505 – ___ = 496

2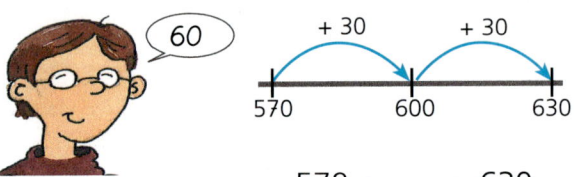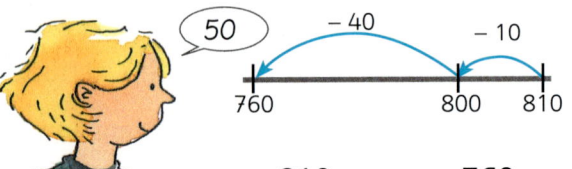

570 + ___ = 630   810 – ___ = 760

a) 570 + ___ = 630   b) 860 + ___ = 950   c) 810 – ___ = 760   d) 420 – ___ = 350
   250 + ___ = 320   730 + ___ = 810   340 – ___ = 290   910 – ___ = 860
   690 + ___ = 760   550 + ___ = 630   820 – ___ = 750   740 – ___ = 680
   880 + ___ = 910   270 + ___ = 330   460 – ___ = 380   530 – ___ = 440

3 Ergänzen oder abziehen?

902 – 897

Ich ergänze:
897 + 5 = 902

902 – 5 = 897

902 – 897 =
902 – 800 = 102
102 – 90 = 12
 12 –   7 =   5

a) 902 – 897   b) 305 – 297   c) 704 – 198   d) 503 – 298
   904 – 896   608 – 599   608 – 299   407 – 199
   703 – 699   807 – 798   901 – 594   905 – 698
   501 – 498   701 – 694   803 – 497   304 – 197

4 Wie rechnest du?
a) 510 – 490   b) 630 – 290   c) 460 – 450   d) 720 – 690
   510 – 370   610 – 580   480 – 180   790 – 310
   510 – 410   680 – 470   410 – 270   710 – 120
   510 – 220   690 – 360   430 – 390   740 – 480

5 Tom und Anna wollen beide ein Fahrrad kaufen. Jedes Fahrrad kostet 298 €.
Tom hat schon 305 € gespart, Anna 227 €.

6 a) Für Hannas Ferienfreizeit hat ihre Mutter 175 € gespart. Übernachtung und
Verpflegung kosten 159 €, die Busfahrt 26 €. Wie viel Euro fehlen noch?

b) Die Busfahrt kostet insgesamt 754 €. Die Lehrerin hat schon 728 € eingesammelt.

1 Dies ist ein Zauberquadrat. Warum heißt es wohl Zauberquadrat?

a) Berechne die Summe der
Zahlen in jeder Zeile
40 + 90 + 20
30 + 50 + 70
80 + 10 + 60

40	90	20
30	50	70
80	10	60

b) Berechne auch die
Summe der Zahlen in
jeder Spalte.

c) Und jetzt noch die
Diagonalen.

Weißt du jetzt, warum dieses Zahlenfeld Zauberquadrat heißt?
Die Summe der Zahlen heißt Zaubersumme. Wie groß ist die Zaubersumme?

2 Zeichne diese Zahlenfelder in dein Heft und mache aus ihnen Zauberquadrate.

a)

160		
110	150	
		140

b)

52	57	56
	55	

c)

		280
	250	230
		240

3 Hier ist ein fertiges Zauberquadrat.

6	7	2
1	5	9
8	3	4

a) Wie groß ist die Zaubersumme?

b) Zeichne ein leeres Feld.
Vergrößere jede Zahl um 40.
Prüfe, ob wieder ein
Zauberquadrat entsteht.

46	47	42
41		

c) Was geschieht, wenn du jede Zahl um 38 vergrößerst?

d) Vergrößere jede Zahl im ersten Zauberquadrat um 20.
Vergleiche die Zaubersummen in den beiden Quadraten. Was stellst du fest?

4 Dies ist ein fertiges Zauberquadrat.

7	8	3
2	6	10
9	4	5

a) Zeichne ein leeres Feld.
Multipliziere jede Zahl mit 5.
Prüfe, ob wieder
ein Zauberquadrat entsteht.

35		

b) Multipliziere jede Zahl mit 10.
Vergleiche die Zaubersummen in den beiden Quadraten. Was stellst du fest?

5 Vergleiche immer die Zahl in der Mitte mit der Zaubersumme. Was stellst du fest?

6 Finde ein Zauberquadrat mit der Zaubersumme 15.
Verwende die Zahlen 1, 2, 3, …, 8, 9

1

Kilometer, Meter, Zentimeter oder Millimeter?

Der Blauwal ist das größte Säugetier. Er kann 30 m lang werden und bis zu 90 t wiegen. Er frisst besonders gerne winzige Krillkrebse.

Das Blauwalbaby kommt unter Wasser zur Welt. Bei der Geburt wiegt es bereits mehr als ein ausgewachsener Elefant.

1 km = 1000 m
1 m = 100 cm
1 cm = 10 mm

Ein Blauwal-Baby ist bei der Geburt bereits 7 ___ lang.

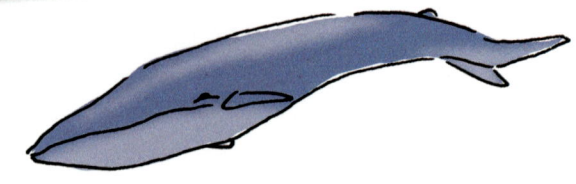

2 Setze ein: Kilometer (km), Meter (m), Zentimeter (cm) oder Millimeter (mm).

Die Zunge der Giraffe kann 45 ___ lang sein.

Gänse können bis zu 8 ___ hoch fliegen.

Der Tiger kann 300 ___ lang werden.

Der Schwanz des Eichhörnchens ist 20 ___ lang.

Die Stoßzähne eines Elefanten können 3,50 ___ lang werden.

Der Marienkäfer ist ungefähr 5 ___ lang.

Pottwale können bis zu 2 ___ tief tauchen.

Die Zähne des weißen Hais sind etwa 70 ___ lang.

3 Lies nach im Lexikon oder im Internet.
a) Wie groß ist der Gorilla?
b) Wie lang ist eine Pythonschlange?
c) Wie lang ist der Floh?
d) Welche Flügelspannweite hat der Albatros?

1 Wie lang ist der Streifen? Luca meint: „Etwas länger als 6 cm."
Nina sagt es genauer: „6 Zentimeter und 3 Millimeter."
Luca antwortet: „Es sind genau 63 Millimeter."

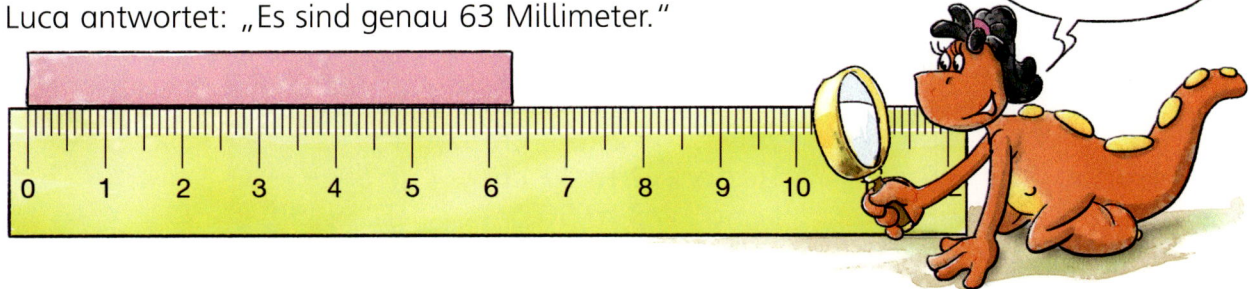

1 Zentimeter hat 10 Millimeter.

2 Hier sind Schmetterlinge in Originalgröße abgebildet. Hast du sie schon einmal gesehen?
Vergleiche ihre Größe, miss ihre Körperlänge und Spannweite. Schätze zuerst.

Kleiner Eisvogel

Bläuling

Tagpfauenauge

3 So lang sind Insekten:

Fliege 17 mm	Biene 16 mm	Mücke 11 mm	Libelle 66 mm
Wespe 22 mm	Hummel 23 mm	Hornisse 25 mm	

a) Zeichne die Körperlänge der Insekten
mit dem Lineal als Strecke in dein Heft.

b) Sind die Bienen auf dem Bild größer
oder kleiner als in Wirklichkeit?

c) Schätze zuerst, dann lies im Lexikon
oder im Internet nach. Wie groß ist
ein Floh, eine Ameise, eine Blattlaus?

4 Wie viel Millimeter sind es: Schreibe: 2 cm 5 mm = 25 mm
Zeichne mit dem Lineal die Strecken.

a = 2 cm 5 mm   b = 3 cm 3 mm   c = 7 cm 9 mm

d = 5 cm 7 mm   e = 1 cm 4 mm   f = 5 cm 5 mm

1 cm = 10 mm

5 Wie viel Zentimeter und Millimeter sind es? Schreibe: 37 mm = 3 cm 7 mm
Zeichne auch diese Strecken.

a = 37 mm   b = 46 mm   c = 90 mm   d = 105 mm   e = 114 mm

6 Ordne nach der Länge.

a) 4 m   4 mm   40 cm   40 mm   44 cm   b) 9 cm   9 mm   90 m   90 cm   99 mm

1 Die Kinder der Klasse 3c haben Fahrzeuge gebaut. Nun prüfen sie, wie weit ihre Fahrzeuge rollen.

Versuch 1	
Timo	2 m 13 cm
Julia	1 m 80 cm
Hannah	1 m 99 cm
Lena	2 m 48 cm
Nils	1 m 65 cm

Versuch 2	
Timo	3 m 5 cm
Julia	2 m 7 cm
Hannah	2 m 57 cm
Lena	3 m 50 cm
Nils	2 m 75 cm

a) Wer hat beim Versuch 1 gewonnen?
   Schreibe die Reihenfolge der Plätze auf.

b) Wie viel Zentimeter weit sind die Fahrzeuge gerollt?

Versuch 1							
1. Platz Lena	2 m 4 8 cm	=	2	4	8 cm		
2. Platz Timo							
3. Platz							

2 Wie ist die Reihenfolge beim Versuch 2?

3 Schreibe alle Angaben in Zentimeter.

a) 5 m 50 cm   b) 7 m 4 cm   c) 10 m 50 cm   d) 11 m 20 cm   e) 10 m 10 cm
   4 m 27 cm   9 m 6 cm   10 m 25 cm   12 m 5 cm   10 m 1 cm

4 Gib die Längen in Meter und Zentimeter an.

a) 235 cm   b) 320 cm   c) 503 cm   d) 60 cm   e) 1000 cm
   436 cm   780 cm   801 cm   75 cm   1020 cm

5 a) $\frac{1}{2}$ m = ___ cm   b) $\frac{1}{2}$ cm = ___ mm   c) $\frac{1}{4}$ m = ___ cm

1 m = 100 cm
$\frac{1}{2}$ m = 50 cm

6 a) Schreibe in Zentimeter: $4\frac{1}{2}$ m $2\frac{1}{2}$ m $10\frac{1}{2}$ m $1\frac{1}{2}$ m
   b) Schreibe in Millimeter: $4\frac{1}{2}$ cm $2\frac{1}{2}$ cm $10\frac{1}{2}$ cm $1\frac{1}{2}$ cm

7 Ordne nach der Länge.

a) 7 m   7 cm   77 cm   77 m   770 m   b) 8 m   80 cm   808 cm   88 cm   880 cm

c) 33 m   3 m   30 cm   33 cm   303 cm   d) 10 m   10 cm   100 cm   110 cm   11 cm

8 Millimeter, Zentimeter oder Meter?

28 ___

12 ___

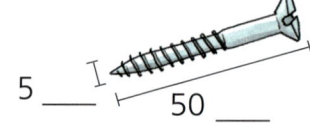

5 ___   50 ___

4,80 ___

Rathaus 900 ___

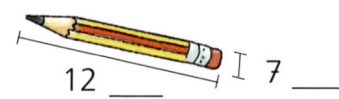

12 ___   7 ___

3,50 ___

Post 500 ___

Dreizehnlinden 800 ___

1 Ninas Vater ist Lastwagenfahrer. Sein Lastwagen ist 3,31 m hoch.
Wo kann er hindurch fahren? Wo nicht?
Übertrage die Angaben in eine Stellentafel.

a)

b)

m	10 cm	1 cm
3	4	0

3,4 m
3 m 40 cm

2 Was bedeuten diese Verkehrsschilder? Wie viel Meter und Zentimeter sind es?
Trage in eine Stellentafel ein.

a)   b)   c)   d)   e)

a) 2,75   b) 2,40   c) 3,45   d) 4,05   e) 3,8 m

3 Trage die Längen in eine Stellentafel ein. Schreibe dann als Kommazahl.

a) *vier Meter siebenundfünfzig*   b) *zwei Meter dreißig*   c) *achtundvierzig Zentimeter*   d) *vier Meter neun*

4 Schreibe auf drei Weisen.   a) 1 3 5 cm = 1 m 3 5 cm = 1,3 5 m

a)	135 cm	1 m 35 cm	1,35 m
b)		2 m 15 cm	
c)			4,05 m
d)	200 cm		

e)	108 cm		
f)		3 m 40 cm	
g)			2,05 m
h)	95 cm		

5 Schreibe mit Komma.

a) 5 m 3 cm   b) 11 m   c) 15 m   d) 18 cm   e) $\frac{1}{2}$ m
   7 m 8 cm   12 m 30 cm   60 cm   88 cm $3\frac{1}{2}$ m
   21 m 4 cm   13 m 5 cm   75 cm   808 cm $7\frac{1}{2}$ m

6 Ordne nach der Länge

a) 2,40 m   24 cm   4 m 20 cm   204 cm   b) 108 cm   1,80 m   1 m 18 cm   181 cm

c) 97 cm   0,79 m   9,7 m   790 cm   d) 35 cm   3,5 m   3 m 5 cm   53 cm

7 Rechne. Die drei Ergebnisse ergeben zusammen immer 15 m.

a) 10,50 m – 5 m   b) 6,50 m – 3,40 m   c) 9 m – 4,80 m   d) 8,20 m – 4,50 m
   8,70 m – 3 m   7,80 m – 4,50 m   7 m – 3,90 m   9,10 m – 3,60 m
   9,80 m – 6 m   10,90 m – 2,30 m   10 m – 2,30 m   8,50 m – 2,70 m

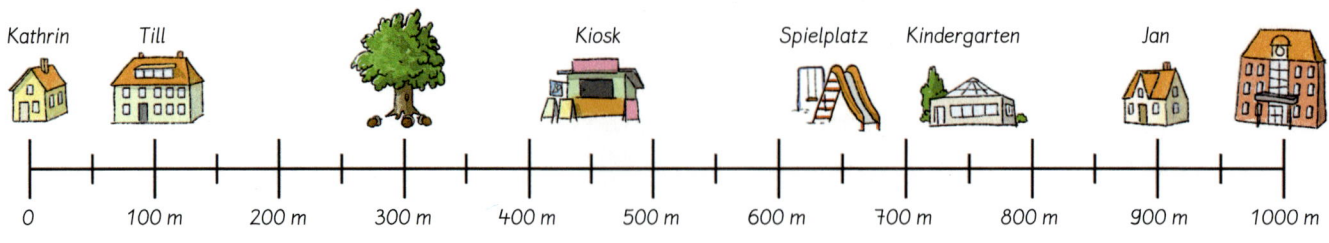

Kathrin Till Kiosk Spielplatz Kindergarten Jan

0   100 m   200 m   300 m   400 m   500 m   600 m   700 m   800 m   900 m   1000 m

1 Kathrin geht jeden Morgen einen Kilometer (1 km) bis zur Schule.
Was sieht sie alles unterwegs?

2 Wie weit ist es von Kathrins Haus bis dahin?
a) Eiche _____ m
b) Kiosk _____ m
c) Tills Haus _____ m
d) Spielplatz _____ m
e) Kindergarten _____ m
f) Jans Haus _____ m

3 Wie weit ist es von Tills Haus bis dahin?
a) Eiche _____ m
b) Kiosk _____ m
c) Kathrins Haus _____ m
d) Spielplatz _____ m
e) Kindergarten _____ m
f) Jans Haus _____ m

4 Wie weit ist es von Jans Haus bis dahin?
a) Eiche _____ m
b) Kathrins Haus _____ m
c) Kindergarten _____ m
d) Tills Haus _____ m
e) Spielplatz _____ m
f) Kiosk _____ m

5 Kathrin geht jeden Tag zur Schule und zurück zwei Kilometer.
a) Wie viel Meter geht Jan hin und zurück zur Schule?
b) Wie viel Meter geht Till hin und zurück zur Schule?

6 Vor den Ferien besuchen die Kindergarten-Kinder die Schule.
Wie weit ist es hin und zurück?

7 Die Lehrerin geht mit den Kindern von der Schule zum Spielplatz
Wie weit ist es hin und zurück?

8 Kathrin benötigt für ihren Schulweg 20 Minuten.
Wie weit geht sie in 10 Minuten? Wie weit in 5 Minuten?

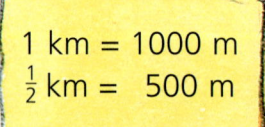

1 km = 1000 m
$\frac{1}{2}$ km = 500 m

9 Wie lange brauchst du für einen Kilometer? Probiere es aus.

10 Jan braucht für 1 km nur 20 Minuten. Wie lange braucht er dann wohl für
a) 2 km,   b) 3 km   c) 5 km,   d) 6 km?

11 Wie weit ist es noch?
a) 900 m + ___ m = 1 km
500 m + ___ m = 1 km
700 m + ___ m = 1 km
250 m + ___ m = 1 km
450 m + ___ m = 1 km

b) 870 m + ___ m = 1 km
290 m + ___ m = 1 km
710 m + ___ m = 1 km
580 m + ___ m = 1 km
410 m + ___ m = 1 km

c) 996 m + ___ m = 1 km
495 m + ___ m = 1 km
298 m + ___ m = 1 km
105 m + ___ m = 1 km
687 m + ___ m = 1 km

1 21 Kinder besuchen die Klasse 3a.
Um festzustellen, welche Fortbewegungsmittel
sie besitzen, haben sie sich gegenseitig befragt.
Die Ergebnisse haben sie in ein Säulendiagramm
eingetragen.

a) Lies die Anzahlen ab.

b) Trage sie in eine Tabelle ein.
Sortiere nach der Anzahl.

Fortbewegungsmittel	Anzahl
Fahrrad	*19*
Rollerblades	

2 Führt in eurer Klasse eine ähnliche
Befragung durch.

a) Tragt die Ergebnisse in eine Tabelle ein.

Fortbewegungsmittel	Anzahl

b) Übertragt dann die Ergebnisse in ein Säulendiagramm.
Für ein Kind zeichnet ein Kästchen.

3 In den Klassen 4a und 4b sind insgesamt 52 Kinder. Auch sie wurden befragt. 19 Kinder
haben einen Roller. Sechs Kinder haben kein Fahrrad. Rollschuhe haben sieben Kinder
und doppelt so viele haben ein Waveboard. Die Hälfte der befragten Kinder hat ein
Skateboard, drei Kinder mehr haben Rollerblades. Tragt die Anzahlen in eine Tabelle ein.
Zeichnet ein Säulendiagramm.

4 Ninas Klasse führt eine Verkehrszählung
durch. Sie zählen eine Woche lang jeden
Tag, wie viele Kinder mit dem Auto
zur Schule gebracht werden.
An welchem Tag kommen die meisten
Kinder mit dem Auto zur Schule? An welchem Tag die wenigsten?

	Mo	Di	Mi	Do	Fr
7.30 – 8.15	63	5	10	48	36
8.15 – 9.00	27	46	12	6	26
Summe					

5 Zeichne zu den Ergebnissen der
Verkehrszählung ein
Balkendiagramm.
Runde dafür die Summe
für jeden Wochentag.

Zahlen aufrunden:
15, 16, 18, 19 Kinder   20 Kinder

Zahlen abrunden:
64, 63, 62, 61 Kinder   60 Kinder

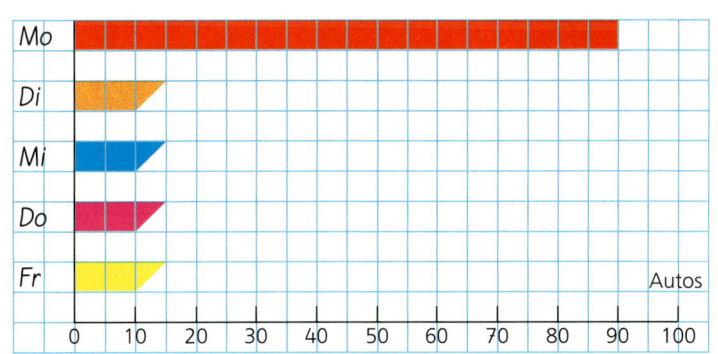

1 Wie spät ist es? Schreibe immer zwei Uhrzeiten auf.

a)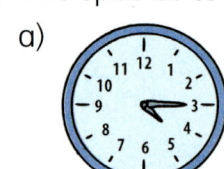

a)	4.	1	5	Uhr
	1 6.	1	5	Uhr

b)

c)

d)

2 Immer zwei Karten gehören zusammen. Schreibe so: 20 vor 8 = ...

20 vor 8   12.15 Uhr   9.35 Uhr   8.10 Uhr   14.25 Uhr

19.40 Uhr   5 vor halb 3   5 nach halb 10   10 nach 8   Viertel nach 12

3 a) Wie spät ist es? Schreibe immer zwei Uhrzeiten auf.

A  B  C 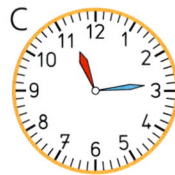 D  E  F

  b) Wie viele Minuten sind seit der letzten vollen Stunde vergangen?

  c) Wie viele Minuten sind es bis zur nächsten vollen Stunde?

4 Nimm die Uhrzeiten von Aufgabe 3. Wie viel Uhr ist es

a) in zwei Stunden   b) in 20 Minuten   c) in 4 Stunden   d) in 10 Minuten?

5 A  B  C  D  E

  a) Wie viele Minuten sind seit der letzten vollen Stunde vergangen?

  b) Wie viele Minuten sind es bis zur nächsten vollen Stunde?

  c) Wie viel Zeit ist seit Beginn des Tages vergangen?

  d) Wie viel Zeit vergeht noch bis zum Ende des Tages?

> 1 Stunde (h) hat 60 Minuten (min).
> 1 h = 60 min
> $\frac{1}{2}$ h = 30 min

6 Nimm die Uhrzeiten von Aufgabe 5. Wie viel Uhr war es
a) vor 3 Stunden   b) vor 10 Minuten   c) vor 5 Stunden   d) vor 30 Minuten?

7 Immer zwei Karten gehören zusammen.

2 h   90 min   30 min   15 min   1 h   60 min $\frac{1}{4}$ h $1\frac{1}{2}$ h   120 min   45 min $\frac{1}{2}$ h $\frac{3}{4}$ h

8 Wie viele Minuten sind es?

a) 1 h 15 min   b) $\frac{1}{2}$ h   c) 1 h 40 min   d) $\frac{3}{4}$ h   e) 1 h 25 min

1 h 30 min $\frac{1}{4}$ h   1 h 35 min   1 h 5 min   1 h 10 min

9 Wie viele Stunden und Minuten sind es? Schreibe so: a) 91 min = 1 h 31 min

a) 91 min   b) 74 min   c) 100 min   d) 110 min   e) 90 min

1 a) In welchen Programm läuft der Film „Fünf Freunde"?

b) Wann beginnt der Film?

c) Was wird voher gezeigt, was danach?

d) Wann endet der Film?

e) Zu welchen Uhrzeiten beginnen in beiden Programmen zum selben Zeitpunkt Sendungen?

Kids TV
14.00 Winnie Puh
14.30 Disney Club
14.55 Die Rasselbande
15.25 Mein Hund Strolch
16.55 Käpt'n Balu
17.20 Die drei Bären
19.20 Quiz mit Pit

Super II
14.10 Tom & Jerry
14.55 Die Maus
15.35 Tolle Sachen
15.55 Fünf Freunde
17.20 Tabaluga
18.05 Oliver Twist
19.30 Logo

2 Wie lange dauert der Film „Fünf Freunde"?

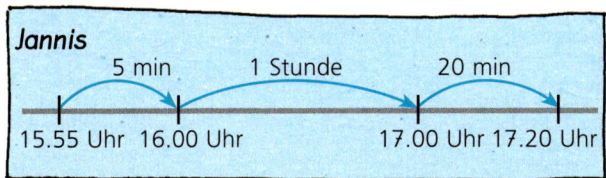

Jannis — 5 min — 1 Stunde — 20 min
15.55 Uhr 16.00 Uhr 17.00 Uhr 17.20 Uhr

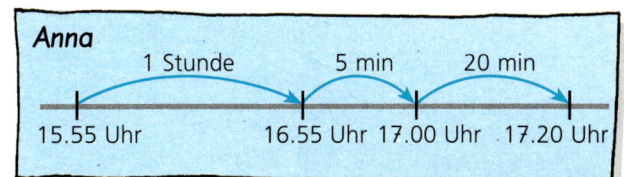

Anna — 1 Stunde — 5 min — 20 min
15.55 Uhr 16.55 Uhr 17.00 Uhr 17.20 Uhr

3 Wie lange dauert es?

a) von 16.15 Uhr bis 17.50 Uhr

Dauer: ___ h ___ min

1 Stunde = 60 Minuten
1 h = 60 min

b) von 15.40 Uhr bis 16.55 Uhr

c) von 17.05 Uhr bis 18.30 Uhr

d) von 18.10 Uhr bis 19.45 Uhr

e) von 15.10 Uhr bis 17.20 Uhr

f) von 13.40 Uhr bis 16.35 Uhr

g) von 16.55 Uhr bis 20.05 Uhr

4 Die Kinder dürfen eine Stunde am Tag fernsehen. Sie suchen sich etwas aus. Dürfen sie die Sendungen sehen?

a) *Die Rasselbande und Tolle Sachen.* — Stefan

b) *Winnie Puh und Disney Club* — Frauke

c) *Käpt'n Balu und Tabaluga* — Christoph

d) *Was würdest du dir aussuchen?*

5 Anna, Leonie und Tom nehmen nachmittags an Angeboten der „Offenen Ganztagsschule" teil.

a) Anna spielt Basketball. Wie lange dauert die AG?

b) Leonie ist beim Tanzen. Wann ist sie fertig?

6 Tom nimmt erst an der Badminton-AG teil, danach an der Computer-AG.

a) Wie lange dauern beide AGs zusammen?

b) Wie viel Minuten Pause hat er dazwischen?

7 Ina interessiert sich für verschiedene Arbeitsgemeinschaften. Sie trägt in einer Tabelle ein, wie lange die einzelnen AGs dauern.

a) Setze die Tabelle fort.

b) Ordne nach der Länge der AG.

AG				Min.		
Kochen				1	2	0
Basketball						

Arbeitsgemeinschaften (AG) der Offenen Ganztagsschule

Kochen	13.00 – 15.00 Uhr
Basketball	13.30 – 15.00 Uhr
Tanzen	13.45 – 14.45 Uhr
Badminton	13.45 – 14.55 Uhr
Judo	13.50 – 14.40 Uhr
Computer	15.00 – 15.45 Uhr
Schnitzen	15.05 – 16.00 Uhr
Englisch	15.30 – 16.00 Uhr

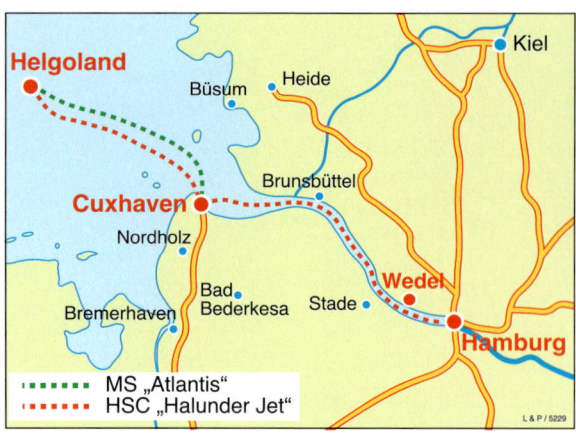

Katamaran „Halunder Jet"

Motorschiff „Atlantis"

MS „Atlantis"
HSC „Halunder Jet"

L & P / 5229

Fahrpläne

	Katamaran		Motorschiff
ab Hamburg	09.00 Uhr		
an Wedel	09.35 Uhr		
ab Wedel	09.40 Uhr		
an Cuxhaven	11.15 Uhr		
ab Cuxhaven	11.30 Uhr		10.30 Uhr
an Helgoland	12.45 Uhr		12.50 Uhr
ab Helgoland	13.00 Uhr		
an Cuxhaven	14.15 Uhr		
ab Cuxhaven	14.30 Uhr		
an Helgoland	16.00 Uhr		
ab Helgoland	16.30 Uhr		16.20 Uhr
an Cuxhaven	17.45 Uhr		18.30 Uhr
ab Cuxhaven	18.00 Uhr		
an Wedel	19.35 Uhr		
ab Wedel	19.40 Uhr		
an Hamburg	20.15 Uhr		

1 Birte wohnt in Hamburg. Sie möchte mit ihren Eltern nach Helgoland fahren. Um 8.45 Uhr sind sie an der Anlegestelle in Hamburg.

a) Wann fährt ihr Schiff ab?

b) Wie lange müssen sie bis zur Abfahrt noch warten?

c) Wie lange dauert die Fahrt, bis sie Cuxhaven erreichen?

d) Wann erreichen sie Helgoland?

e) Wie lange dauert die Fahrt von Hamburg bis Helgoland?

2 Birtes Freundin Paula steigt in Wedel zu. Wie lange dauert für Paula die Fahrt von Wedel bis Helgoland?

3 Familie Schipper aus Cuxhaven will auch nach Helgoland. Sie überlegen, ob sie mit dem Katamaran oder mit dem Motorschiff fahren.

a) Wann können sie mit dem Katamaran nach Helgoland fahren, wann mit dem Motorschiff?

b) Wie lange sind sie mit dem Katamaran unterwegs? Wie lange mit dem Motorschiff?

4 Familie Schipper entscheidet sich für die Fahrt mit der „Atlantis". Sie wollen auch die Kegelrobben auf der Düne von Helgoland besuchen. Wie lange dauert der Aufenthalt auf Helgoland?

5 Birte und Paula haben auf einem Inselrundgang verschiedene Sehenswürdigkeiten besichtigt. Um 16.30 Uhr fahren sie gemeinsam zurück. Wie lange sind Birte und ihre Eltern zwischen der Abfahrt in Hamburg und der Ankunft in Hamburg unterwegs?

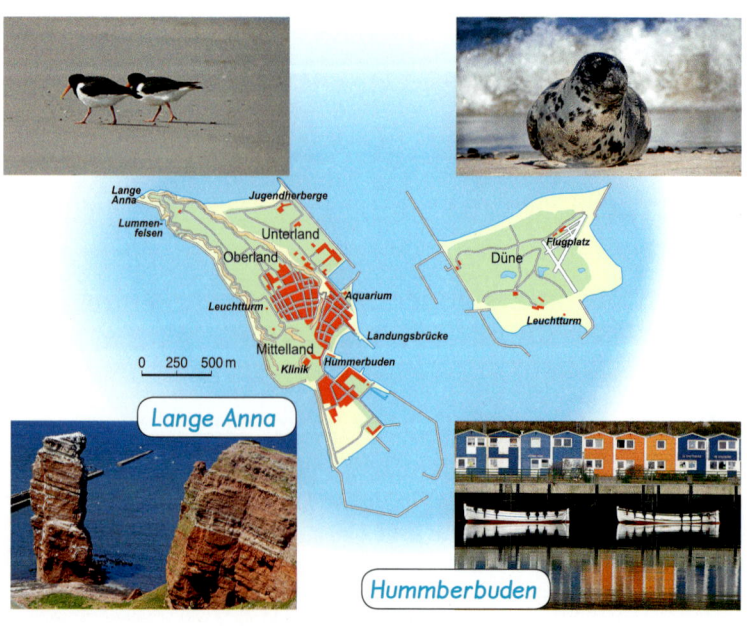

1 Die Aufgaben aus dem Einmaleins
solltest du auswenig wissen.

a) 6 · 7
4 · 3
9 · 9
5 · 7

b) 4 · 6
9 · 7
2 · 9
7 · 8

c) 6 · 3
9 · 4
4 · 8
9 · 6

d) 7 · 5
8 · 7
4 · 9
7 · 6

KV 190

aus der Klasse _____

gehört ab heute zu den

EINMALEINS-HÄUPTLINGEN

_____ konnte alle Mal-Aufgaben und alle Durch-Aufgaben lösen.

Ort, Datum — Mathematiklehrerin — Schulstempel

2 Dein Partner sagt eine Einmaleins-Aufgabe,
du nennst das Ergebnis.
Wie viele Aufgaben schaffst du in einer Minute?

3 Schreibe zu jedem Ergebnis passende Mal-Aufgaben.
Wie viele Aufgaben findest du?

a) 36
b) 18
c) 24
d) 16

4 Rechne die Durch-Aufgabe. Schreibe dann die Mal-Aufgabe. 42 : 7 = 6   6 · 7 = 42

a) 42 : 7
24 : 3
49 : 7
16 : 4

b) 56 : 8
21 : 7
32 : 4
63 : 9

c) 27 : 9
54 : 6
35 : 7
18 : 3

d) 72 : 9
40 : 8
25 : 5
14 : 7

5 a) 2 · 7 + 6
7 · 5 + 5
8 · 7 + 4

b) 6 · 2 + 3
3 · 7 + 4
8 · 4 + 3

c) 5 · 5 + 3
8 · 4 + 6
9 · 5 + 3

d) 6 · 9 – 4
7 · 6 – 2
9 · 4 – 6

15   20   25   28   30   35   36   38   40   40   48   50   60

6 a) 5 · 7 + 18
3 · 9 + 27
4 · 6 + 25

b) 6 · 8 + 14
8 · 9 + 46
7 · 7 + 83

c) 6 · 7 + 93
5 · 8 + 40
3 · 5 + 89

d) 7 · 9 – 24
9 · 8 – 45
6 · 9 – 39

15   27   32   39   49   53   54   62   80   104   118   132   135

7 Schreibe zum Ergebnis eine Mal-Aufgabe auf.

a) 5 · 7 + 21
6 · 9 + 18
4 · 8 + 24

b) 4 · 6 + 36
7 · 7 + 21
6 · 8 + 32

c) 5 · 8 + 24
4 · 6 + 12
4 · 7 + 21

d) 9 · 8 – 24
7 · 6 – 18
8 · 4 – 16

16   24   35   36   48   49   56   56   60   64   70   72   80

8 Findest du auch hier eine Mal-Aufgabe?

a) 10 · 8 + 2 · 8
10 · 3 + 5 · 3

b) 10 · 4 + 7 · 4
10 · 6 + 5 · 6

c) 10 · 9 + 7 · 9
10 · 8 + 3 · 8

d) 10 · 5 + 3 · 5
10 · 9 + 4 · 9

9

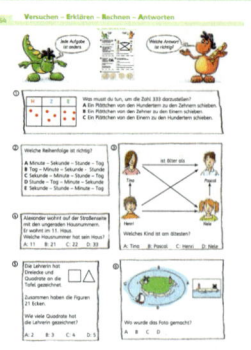

Jede Aufgabe ist anders.

Welche Antwort ist richtig?

①

H	Z	E

Was musst du tun, um die Zahl 333 darzustellen?
A Ein Plättchen von den Hundertern zu den Zehnern schieben.
B Ein Plättchen von den Zehnern zu den Einern schieben.
C Ein Plättchen von den Einern zu den Hundertern legen.

② Welche Reihenfolge ist richtig?

A Minute – Sekunde – Stunde – Tag
B Tag – Minute – Sekunde - Stunde
C Sekunde – Minute – Stunde – Tag
D Stunde – Tag – Minute – Sekunde
E Sekunde – Stunde – Minute – Tag

③

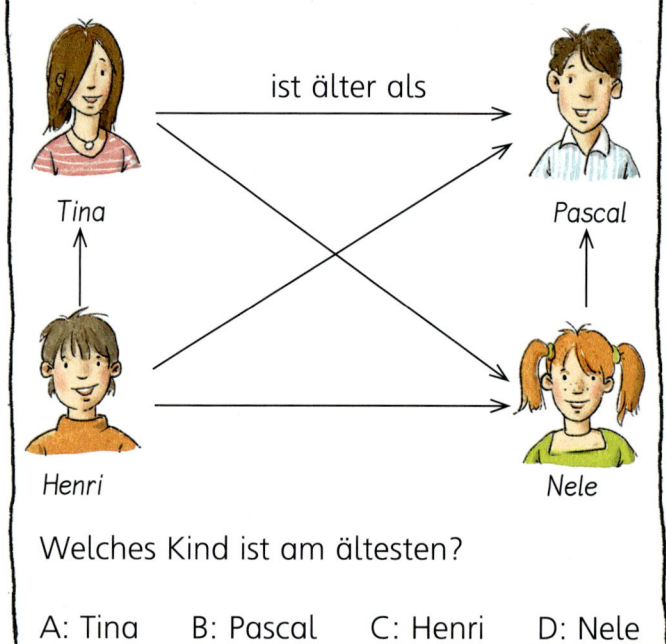

Tina — ist älter als → Pascal
Henri   Nele

Welches Kind ist am ältesten?

A: Tina   B: Pascal   C: Henri   D: Nele

④ Alexander wohnt auf der Straßenseite mit den ungeraden Hausnummern.
Er wohnt im 11. Haus.
Welche Hausnummer hat sein Haus?
A: 11   B: 21   C: 22   D: 33

⑤ Die Lehrerin hat Dreiecke und Quadrate an die Tafel gezeichnet.

Zusammen haben die Figuren 21 Ecken.

Wie viele Quadrate hat die Lehrerin gezeichnet?

A: 2   B: 3   C: 4   D: 5

⑥

Wo wurde das Foto gemacht?

A   B   C   D

① Wie viele zweistellige Zahlen gibt es, bei denen die Zehner-Ziffer kleiner als die Einer-Ziffer ist?

A: 30   B: 36   C: 42   D: 50

② Sven möchte Erdnüsse kaufen.
Er kann zwischen vier Dosen wählen.
Welches Angebot ist das günstigste?
Tipp: Berechne den Preis für 1 kg.

A   B   C   D

1000 g   2 kg   250 g   100 g

5 €   9 €   1,50 €   70 ct

③ Tobias hatte vorgestern Geburtstag.
Übermorgen ist Freitag.
Auf welchen Wochentag fiel der Geburtstag von Tobias?

A   B   C   D
Mittwoch Dienstag Sonntag   Montag

④ Beim Stadtlauf gehen in Lenas Startgruppe 28 Teilnehmer an den Start. Die Anzahl der Läufer, die vor Lena das Ziel erreichen, ist halb so groß wie die Anzahl derjenigen, die hinter Lena ins Ziel kommen.
Welchen Platz belegt Lena?

A   B   C   D
9. Platz   10. Platz 11. Platz 14. Platz

⑤ Fünf Freunde klettern in der Kletterhalle an einer Kletterwand hinauf.
Max kommt höher als Jana, aber nicht so hoch wie Sofia. Kai kommt höher als Levi, aber nicht so hoch wie Max.

Wer ist am höchsten geklettert?

A: Sofia   B: Levi   C: Max   D: Kai   E: Jana

⑥ Im Stadtpark stehen rechts am Weg zehn Laternen im gleichen Abstand hintereinander.
Kaja schafft es von einer Laterne zur nächsten mit sieben Sprüngen.
Wie viele Sprünge braucht Kaja von der ersten bis zur zehnten Laterne?

A: 70   B: 49   C: 63   D: 56

⑦ Ein Heftchen mit sechs Tierbildern kostet 1,50 €.
Lisa hat schon 42 Tierbilder.
Sie kauft noch vier Heftchen.
Wie viele Tierbilder hat Lisa dann?

A: 46   B: 66   C: 60   D: 52

⑧ Die beiden Waagen sind im Gleichgewicht. Trage die fehlenden Gewichte ein.

Baustein: ___ kg   Sack: 3 kg   Dose: ___ kg

1 Wie viele Pflanzen sind es?

Kisten	1	3	4	6	5					10
Pflanzen	20	60			40	80	160	180		

2
a) $2 \cdot 20$
  $4 \cdot 20$
  $8 \cdot 20$

b) $5 \cdot 20$
  $6 \cdot 20$
  $10 \cdot 20$

c) $10 \cdot 20$
  $9 \cdot 20$
  $8 \cdot 20$

d) $5 \cdot 20$
  $4 \cdot 20$
  $3 \cdot 20$

e) $20 \cdot 9$
  $20 \cdot 8$
  $20 \cdot 7$

f) $20 \cdot 2$
  $20 \cdot 4$
  $20 \cdot 0$

3
a) $100 = \underline{} \cdot 20$
  $80 = \underline{} \cdot 20$
  $60 = \underline{} \cdot 20$

b) $20 = \underline{} \cdot 20$
  $40 = \underline{} \cdot 20$
  $120 = \underline{} \cdot 20$

c) $200 = \underline{} \cdot 20$
  $180 = \underline{} \cdot 20$
  $160 = \underline{} \cdot 20$

d) $140 = \underline{} \cdot 20$
  $0 = \underline{} \cdot 20$
  $120 = \underline{} \cdot 20$

4
a) $2 \cdot 30$
  $4 \cdot 30$
  $8 \cdot 20$

b) $5 \cdot 30$
  $6 \cdot 30$
  $7 \cdot 30$

c) $10 \cdot 30$
  $9 \cdot 30$
  $8 \cdot 30$

d) $7 \cdot 30$
  $0 \cdot 30$
  $3 \cdot 30$

e) $30 \cdot 5$
  $30 \cdot 7$
  $30 \cdot 9$

f) $30 \cdot 2$
  $30 \cdot 4$
  $30 \cdot 8$

5
a) $150 = \underline{} \cdot 30$
  $120 = \underline{} \cdot 30$
  $90 = \underline{} \cdot 30$

b) $30 = \underline{} \cdot 30$
  $60 = \underline{} \cdot 30$
  $180 = \underline{} \cdot 30$

c) $300 = \underline{} \cdot 30$
  $270 = \underline{} \cdot 30$
  $240 = \underline{} \cdot 30$

d) $0 = \underline{} \cdot 30$
  $210 = \underline{} \cdot 30$
  $30 = \underline{} \cdot 30$

1

a) 3 · 40
6 · 40

b) 2 · 40
7 · 40

c) 4 · 40
5 · 40

d) 1 · 40
8 · 40

e) 9 · 40
10 · 40

2 Wie rechnest du diese Aufgaben?

a) 3 · 70
5 · 70
9 · 70

b) 4 · 80
8 · 80
2 · 80

c) 2 · 50
6 · 50
9 · 50

d) 3 · 90
5 · 90
8 · 90

e) 6 · 60
9 · 60
3 · 60

f) 5 · 80
7 · 90
8 · 70

3 Manchmal hilft die Tauschaufgabe.

a) 70 · 2
40 · 4
90 · 9

b) 80 · 7
9 · 30
6 · 80

c) 30 · 8
4 · 70
60 · 4

d) 20 · 4
6 · 30
2 · 70

e) 60 · 5
80 · 3
5 · 40

f) 50 · 5
7 · 80
9 · 80

4

a) 140 = ___ · 70
210 = ___ · 30
360 = ___ · 60

b) 160 = ___ · 2
180 = ___ · 3
350 = ___ · 5

c) 120 = ___ · 20
240 = ___ · 60
300 = ___ · 50

d) 640 = ___ · 8
810 = ___ · 9
180 = ___ · 6

5

a)
4 · 90 = 360

b)  3 80

c)  70 4

d)  6 70

e)  7 490

f)  50 350

g)  9 540

6

a) 140 : 70
140 : 7

b) 240 : 80
240 : 8

c) 300 : 50
300 : 5

d) 120 : 20
120 : 2

e) 480 : 60
480 : 6

f) 560 : 70
560 : 7

7

a) 360 : 60
180 : 20

b) 810 : 9
360 : 4

c) 420 : 70
180 : 30

d) 640 : 8
270 : 9

e) 540 : 90
320 : 80

f) 160 : 4
420 : 6

8

a) 120 : 20
120 : 40

b) 180 : 30
180 : 60

c) 240 : 40
240 : 80

d) 300 : 60
300 : 30

e) 320 : 80
320 : 40

f) 200 : 40
200 : 20

9 Aufgepasst! Was fällt dir auf?

a) 5 · 30
3 · 50

b) 6 · 70
7 · 60

c) 3 · 40
4 · 30

d) 2 · 90
9 · 20

e) 7 · 50
5 · 70

f) 8 · 60
6 · 80

g) Schreibe selbst drei solche Päckchen.

4 · 18 =

4 · 18 =
4 · 10 = 40
4 · 8 = 32

Max Lea

4 · 18 = 72
40, 32, 72

·	10	8	18
4	40	32	72

Tim

1
a) 5 · 13   b) 2 · 17   c) 5 · 17   d) 3 · 14   e) 10 · 15   f) 10 · 12
   6 · 13   3 · 17   7 · 17   6 · 14   4 · 15   9 · 12
   7 · 13   4 · 17   9 · 17   9 · 14   5 · 15   8 · 12

34   42   51   60   65   68   75   78   80   84   85   91   96   108   119   120   126   150   153

2
a) 4 · 26 = 104
   4 · 20 = 80
   4 · 6 = 24

a) 4 · 26   b) 5 · 23   c) 9 · 24   d) 5 · 28   e) 3 · 27
   6 · 26   8 · 23   5 · 24   7 · 28   9 · 27
   8 · 26   6 · 23   3 · 24   3 · 28   4 · 27

3 Alle Ergebnisse haben die Quersumme 9.
a) 5 · 18   b) 7 · 45   c) 1 · 63   d) 4 · 18   e) 2 · 18   f) 4 · 27
   5 · 27   8 · 54   4 · 36   7 · 18   6 · 42   6 · 18
   6 · 30   9 · 59   9 · 17   8 · 63   1 · 72   3 · 54

4
a) 3 · 37   b) 3 · 35   c) 3 · 74   d) 2 · 56   e) 2 · 53   f) 2 · 66
   6 · 37   6 · 35   6 · 74   4 · 56   4 · 53   4 · 66

g) Das zweite Ergebnis ist immer _____ vom ersten Ergebnis.

5
a) 6 · 15   b) 6 · 45   c) 8 · 25   d) 8 · 35   e) 4 · 13   f) 4 · 55
   3 · 30   3 · 90   4 · 50   4 · 70   2 · 26   2 · 110

g) Die erste Zahl wird halbiert, die zweite Zahl wird _____. Die Ergebnisse _____.

6 Manchmal hilft die Tauschaufgabe.
a) 28 · 3   b) 27 · 4   c) 43 · 5   d) 27 · 5   e) 6 · 24   f) 44 · 4
   28 · 5   27 · 7   32 · 4   8 · 32   39 · 6   78 · 6
   28 · 6   27 · 9   54 · 3   9 · 62   7 · 73   96 · 5

7 Alle Ergebnisse haben die Quersumme 9 oder die Quersumme 18.

a) 3   6   9 · 51 54 57

b) 42 45 48 · 3 6 9

8

1

So geht es bei dieser Aufgabe schneller.

$3 \cdot 19 = \underline{\quad}$

$$
\begin{array}{rcl}
3 \cdot 1\,9 & = & 5\,7 \\ \hline
3 \cdot 2\,0 & = & 6\,0 \\
3 \cdot 1 & = & 3
\end{array}
$$

$3 \cdot 20 - 3$

2
a) 5 · 19	b) 3 · 49	c) 4 · 99	d) 8 · 29	e) 7 · 29	f) 5 · 98
7 · 19	4 · 49	5 · 99	8 · 49	7 · 59	5 · 18
8 · 19	6 · 49	9 · 99	8 · 19	7 · 89	5 · 78
4 · 19	8 · 49	7 · 99	8 · 39	7 · 69	5 · 88

3
a) 5 · 33	b) 29 · 3	c) 58 · 6	d) 17 · 9	e) 73 · 5	f) 7 · 29
7 · 44	49 · 7	24 · 7	34 · 8	44 · 6	3 · 66
8 · 59	13 · 9	69 · 8	56 · 4	39 · 8	4 · 78

4
a) 7 · 47	b) 6 · 35	c) 5 · 26	d) 9 · 71	e) 17 · 6	f) 77 · 4
4 · 28	7 · 83	8 · 37	7 · 34	43 · 8	91 · 5

102   112   130   210   238   296   308   329   344   455   555   581   639

5
a) 10 · 47	b) 10 · 68	c) 36 · 10	d) 92 · 10	e) 10 · 38	f) 98 · 10
10 · 52	10 · 27	54 · 10	85 · 10	10 · 79	45 · 10

6
a) 10 · 48	b) 10 · 36	c) 10 · 24	d) 10 · 25	e) 10 · 33	f) 10 · 47
5 · 48	5 · 36	5 · 24	5 · 25	5 · 33	5 · 47

7
a) 5 · 33	b) 2 · 99	c) 6 · 33	d) 7 · 44	e) 8 · 55	f) 9 · 66
3 · 55	9 · 22	3 · 66	4 · 77	5 · 88	6 · 99

g) Die beiden Ergebnisse sind _____.

h) Finde zwei weitere Päckchen.

8
a) 250 + 130	b) 380 – 140	c) 280 + 140	d) 310 – 150	e) 720 + 190
310 + 470	270 – 110	370 + 250	780 – 290	720 – 190
120 + 560	980 – 250	460 + 460	640 – 460	910 – 140

9 Das alles ist an deinem Fahrrad.
BAC
a) 224 – 40	b) 184 + 50	c) 540 – 60	d) 282 + 30	e) 315 – 90
732 – 60	568 + 80	806 – 70	652 + 60	718 – 70
914 – 50	430 + 70	715 – 50	585 + 80	206 – 80
637 – 70	195 + 90	996 – 90	774 + 90	637 – 70
536 – 80	595 + 70	304 – 70	792 + 90	202 – 90
905 – 50	652 + 50	285 – 90	694 + 80	208 – 40
351 – 90		607 – 40	775 + 80	900 – 45

1

2 Vier Lösungen sind falsch. Findest du die Fehler? Berichtige.

a)
6	·	5	4	=	3	1	6
6	·	5	0	=	3	0	0
6	·		4	=		1	6

b)
3	·	8	7	=	3	0	1
3	·	8	0	=	2	8	0
3	·		7	=		2	1

c)
7	·	9	3	=	6	5	1
7	·	9	0	=	6	3	0
7	·		3	=		2	1

d)
8	·	4	8	=	3	8	4
8	·	4	0	=	3	2	0
8	·		8	=		6	4

e)
4	·	7	8	=	3	2	2
4	·	7	0	=	2	8	0
4	·		8	=		3	2

f)
9	·	6	4	=		9	0
9	·	6		=		5	4
9	·		4	=		3	6

3 Auch diese Aufgaben kannst du lösen.

3	·	1	0	4	=	
3	·	1	0	0	=	
3	·			4	=	

a) 3 · 104
   7 · 109

b) 4 · 109
   5 · 105

c) 6 · 108
   8 · 107

d) 7 · 102
   4 · 209

4
a) 3 · 205
   5 · 107

b) 4 · 207
   6 · 109

c) 2 · 408
   7 · 106

d) 8 · 104
   6 · 108

e) 4 · 207
   3 · 304

f) 2 · 307
   9 · 109

5
a) 5 · 11
   5 · 12
   5 · 13

b) 7 · 13
   7 · 14
   7 · 15

c) 4 · 25
   4 · 26
   4 · 27

d) 8 · 32
   8 · 33
   8 · 34

e) 2 · 46
   2 · 47
   2 · 48

f) 9 · 106
   9 · 107
   9 · 108

g) Das Ergebnis wird immer um die _____ Zahl größer.

6 Ordne nach der Länge

a) 3,61 m   36 cm   3 m 60 cm   306 cm

b) 104 cm   1,40 m   1 m 14 cm   141 cm

c) 99 cm   0,89 m   8,9 m   980 cm

d) 26 cm   2,6 m   2 m 6 cm   62 cm

7
a) 2 m + 1,30 m
   1 m + 2,75 m
   2 m + 0,38 m

b) 1,20 m + 2,30 m
   2,10 m + 3,40 m
   4,50 m + 1,50 m

c) 4,70 m − 3,50 m
   6,30 m − 1,10 m
   9,80 m − 4,50 m

d) 8 m − 6,90 m
   7 m − 1,50 m
   6 m − 2,50 m

5 Starke Aufgaben: Gesetzmäßigkeit erkennen und Aufgabenfolge fortsetzen.

Malifant

·	20	4	
3	60	12	72
7	140	28	168
	200	40	240

Erst die Mitte: 3 · 20 = 60   3 · 4 = 12
Multiplizieren   7 · 20 = 140   7 · 4 = 28
Dann der Rand: 60 + 12 = 72   60 + 140 = 200
Addieren   140 + 28 = 168   12 + 28 = 40
Fußzahl testen 72 + 168 = 240   200 + 40 = 240

1

a)

·	30	6	
6			
4			

b)

·	70	3	
2			
8			

c)

·	60	8	
7			
3			

2

a)

·	80	6	
5			
7			

b)

·	50	7	
9			
6			

c)

·	90	4	
8			
5			

3

a)

·			
4	280	36	
	490		

b)

·	40		
8			
	160	32	

c)

·	30		
	180	54	
7			

4

a)

·			
9		81	
	560		632

b)

·			
	210		245
5			
	360		

c)

·		4	
	240		
7			
	660		

Rechnen mit Geld – Sachrechnen

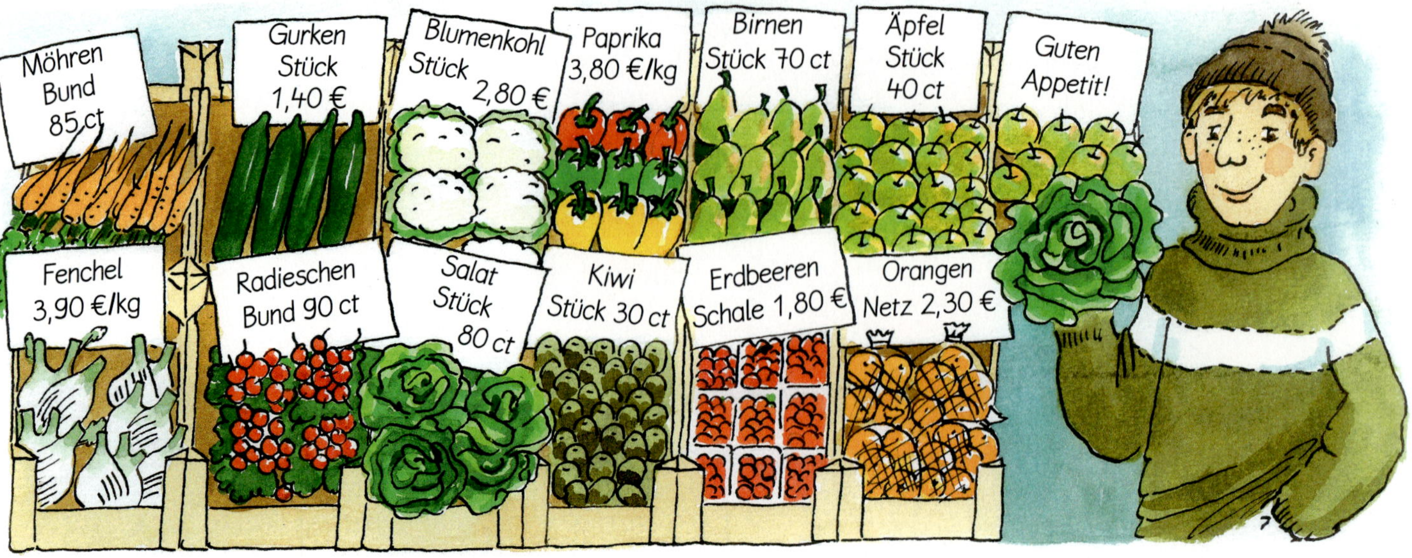

Möhren Bund 85 ct
Gurken Stück 1,40 €
Blumenkohl Stück 2,80 €
Paprika 3,80 €/kg
Birnen Stück 70 ct
Äpfel Stück 40 ct
Guten Appetit!
Fenchel 3,90 €/kg
Radieschen Bund 90 ct
Salat Stück 80 ct
Kiwi Stück 30 ct
Erdbeeren Schale 1,80 €
Orangen Netz 2,30 €

1 Aus Cent wird Euro.

6	·	7	0	ct	=	4	2	0	ct	
6	·	7	0	ct	=	4,	2	0	€	

a)

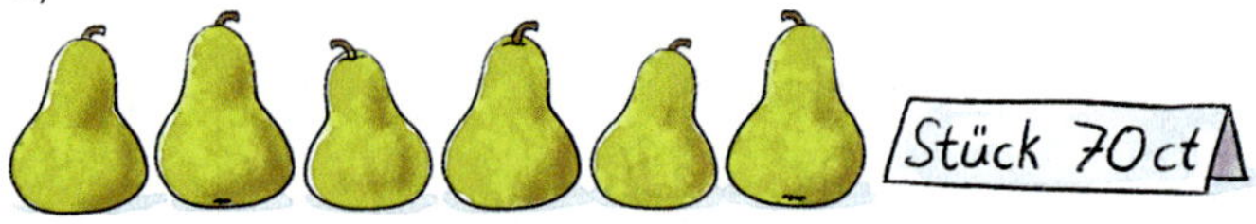

Stück 70 ct

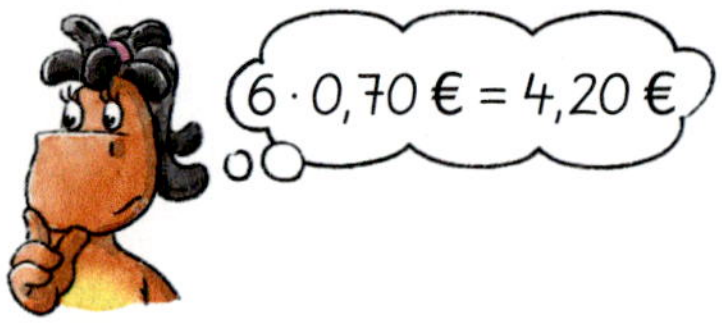

6 · 0,70 € = 4,20 €

2 Wie teuer sind die Waren?

a) 2 Bund Radieschen b) 5 Kiwis c) 4 Birnen d) 6 Salate

3 a) 3 | 7 | 10 · 60 ct | 40 ct

b) 5 | 6 | 9 · 70 ct | 30 ct

4 a)

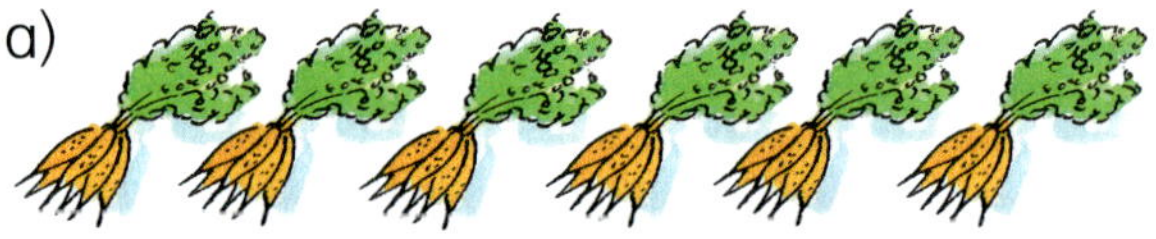

6	·	8	5	ct	=					€	
6	·	8	0	ct	=	4	8	0	ct		
6	·		5	ct	=		3	0	ct		

b)

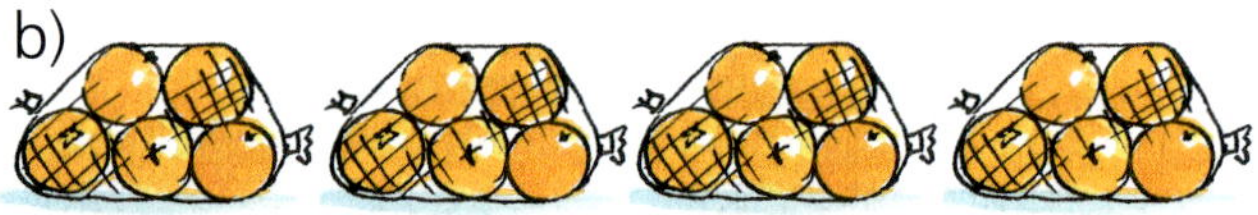

4	·	2,	3	0	€	=				€		
4	·	2,	0	0	€	=	8,	0	0	€		
4	·	0,	3	0	€	=	1,	2	0	€		

5 a)

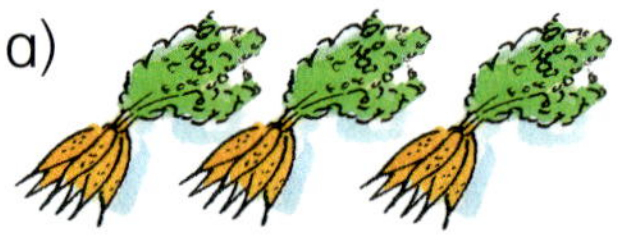

b)

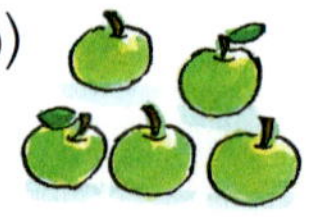

c)

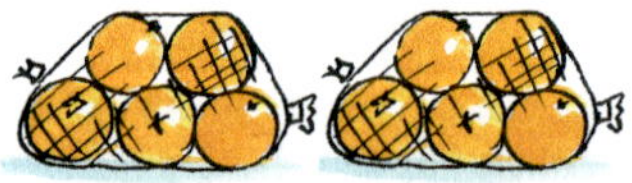

d)

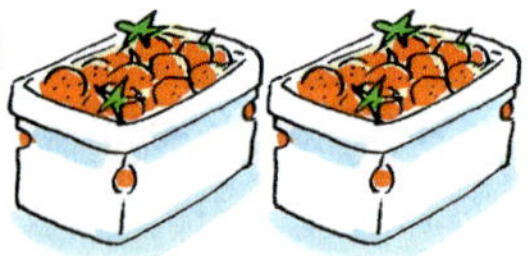

6 a) 4 | 7 | 9 · 1,06 € | 39 ct

b) 5 | 7 | 8 · 46 ct | 0,99 €

7 a) Laura kauft Radieschen. Sie bezahlt mit einer 2-€-Münze und bekommt 20 Cent zurück. Wie viel Bund Radieschen kauft Laura? Schreibe einen Antwortsatz.

b) Nico kauft Erdbeeren. Er bezahlt mit einem 10-€-Schein und bekommt 1 € zurück. Wie viele Schalen Erdbeeren kauft Nico?

c) Frau Arp kauft Kiwis und 5 Birnen. Sie bezahlt dafür genau 5 €. Wie viele Kiwis kauft Frau Arp?

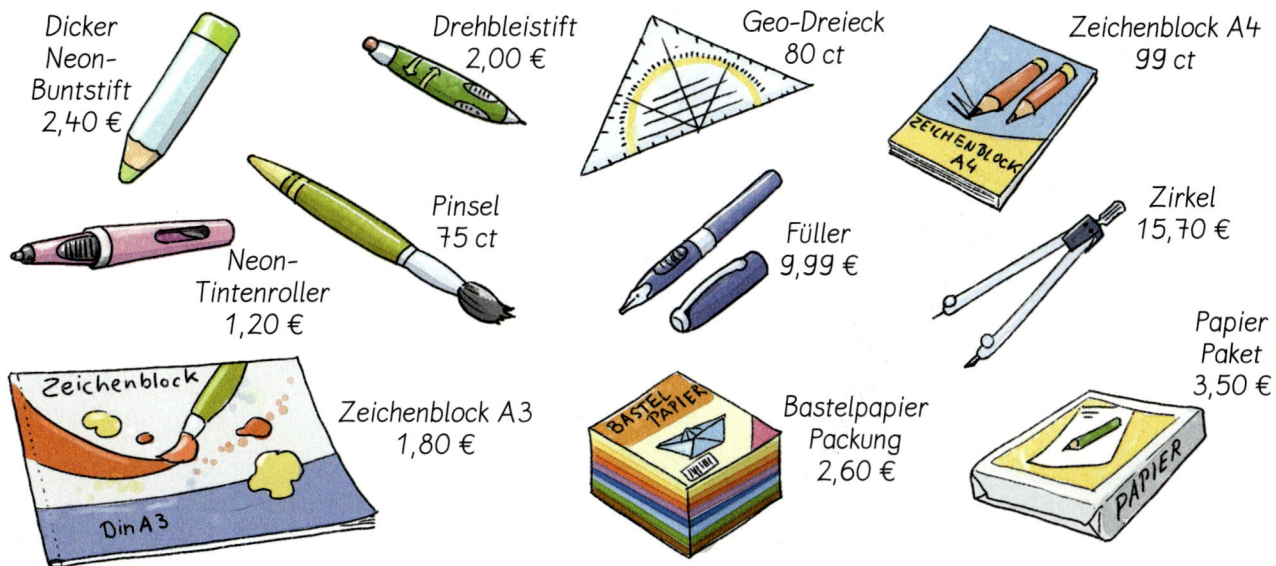

Dicker Neon-Buntstift 2,40 €

Drehbleistift 2,00 €

Geo-Dreieck 80 ct

Zeichenblock A4 99 ct

Pinsel 75 ct

Neon-Tintenroller 1,20 €

Füller 9,99 €

Zirkel 15,70 €

Papier Paket 3,50 €

Zeichenblock A3 1,80 €

Bastelpapier Packung 2,60 €

1 Herr Meis kauft sieben dicke Neon-Buntsifte.

Vergiss nicht den Antwortsatz.

F *Wie viel Euro muss Herr Meis bezahlen?*

L 7 · 2,40 € =
7 · 2,00 € =
7 · 0,40 € =

A

2 Wie viel Euro kosten die Waren?
a) Sieben Zeichenblöcke A4
b) Vier Drehbleistifte
c) Acht Neon-Tintenroller
d) Drei Füller
e) Neun Geo-Dreiecke
f) Fünf Pinsel

3 Frau Andresen besorgt für ihre Kinder
drei Geo-Dreiecke und sechs Pinsel.

Geo-Dreiecke	_____ €
Pinsel	_____ €
Summe	_____ €

4 Zeynep kauft zwei Zeichenblöcke A3 und vier Pinsel.

5 Tonios Mutter kauft drei Packungen Bastelpapier
und fünf Neon-Tintenroller.

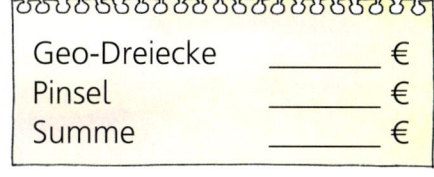

Doppelte Menge – doppelter Preis.

6 Herr Jung kauft zwei Zirkel.
Frau Özkan kauft vier Zirkel.

7 Saskia kauft drei Zeichenblöcke A3.
Herr Arp besorgt sechs Zeichenblöcke A3 für den Kunst-Unterricht.

8 Lara und Philipp berechnen den Preis für 20 Pakete Papier mit einer Tabelle. Erkläre.

Lara

Pakete	1	10	20
Preis	3,50 €		

Philipp

Pakete	1	2	20
Preis	3,50 €		

9 Wie teuer sind 20 Pinsel? Zeichne eine Rechentabelle.
Wie rechnest du?

Pinsel	1	
Preis	75 Cent	

1 Der erste a) _____ wurde vor etwa 130 Jahren gebaut. Er wurde mit b) _____ betrieben und erinnerte an eine Lokomotive, nur ohne c) _____.

a)	b)	c)
4 · 14	5 · 32	36 · 5
9 · 25	9 · 89	99 · 5
5 · 51	3 · 99	21 · 9
7 · 50	4 · 27	66 · 9
3 · 95	7 · 45	49 · 3
7 · 48		81 · 7
8 · 92		48 · 9
		83 · 9

2 Die ersten Traktoren waren sehr schwer und fuhren sich oft im a) _____ fest. Benjamin Holt baute 1904 an seinen Traktor deshalb b) _____ statt Räder und nannte ihn c) _____fahrzeug.

a)	b)	c)
6 · 39	6 · 51	92 · 8
9 · 55	8 · 63	72 · 9
6 · 78	5 · 95	24 · 6
9 · 29	5 · 57	89 · 8
5 · 38	8 · 54	48 · 9
9 · 67		99 · 7
5 · 84		

3 Besonders große Traktoren werden auch a) Groß_____ genannt. Die b) _____ sind so groß wie ein Mann und die c) _____ haben bis zu 600 PS.

a)	b)
2 · 70 + 40	4 · 70 + 20
3 · 70 + 30	6 · 70 + 12
11 · 70 + 4	8 · 70 + 34
0 · 70 + 3	1 · 70 + 2
4 · 70 − 10	2 · 70 + 7
10 · 70 + 12	6 · 70 − 15
1 · 70 + 38	

c)
7 · 60 − 0
9 · 60 + 20
0 · 60 + 6
4 · 60 + 0
8 · 60 − 12
10 · 60 − 6
1 · 60 + 3
2 · 60 + 27
11 · 60 + 33

a) (continued)
6 · 70 + 12
3 · 70 + 15

Rechnen, Ergebnisse im Zahlen-ABC (S.136) suchen und Lösungswort aufschreiben.

1 Mit drei Ziffernkarten kannst du sechs Mal-Aufgaben legen. Rechne diese Aufgaben.

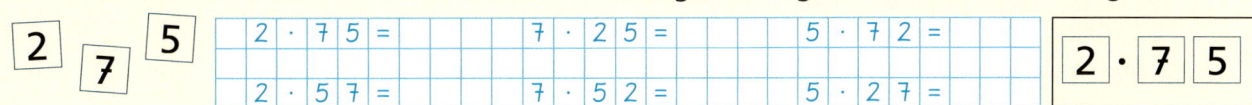

2 · 75 =   7 · 25 =   5 · 72 =

2 · 57 =   7 · 52 =   5 · 27 =

$$2 \cdot 7 \quad 5$$

2 Lege und rechne die sechs Mal-Aufgaben.   a) 3 4 2   b) 1 9 7

3 Lege und rechne nur die Mal-Aufgabe mit dem größten Ergebnis.

a) 2 9 4   b) 1 8 7   c) 3 4 5   d) 2 6 1   e) 7 9 8

f) Was fällt auf? Die größte Karte liegt ___, die kleinste ___.

4 a) Dieselben Ziffernkarten wie in Aufgabe 3. Nun lege und rechne nur die Mal-Aufgabe mit dem kleinsten Ergebnis.

b) Wie heißt die Regel?

5 Lege und rechne nur die Mal-Aufgaben, deren Ergebnis zwischen 100 und 200 liegt. Es gibt immer mehrere Möglichkeiten.

a) 2 8 6   b) 7 9 1   c) 6 3 5   d) 4 2 8   e) 2 7 5

112   114   133   135   136   139   150   153   168   168   168   172   175   180   192   195

6 Rechne mit vier Ziffernkarten nacheinander drei Aufgaben.
Erst multiplizieren, dann subtrahieren, dann multiplizieren.
Es gibt viele Möglichkeiten. Finde vier verschiedene Ergebnisse.

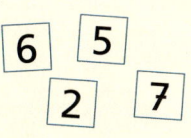

a) 6 · 5 = 30   b) 7 · 6 = 42   c)

30 − 2 = 28   42 − 5 = 37

28 · 7 = 196   37 · 2 =

7 Erst multiplizieren, dann subtrahieren, dann multiplizieren.
Finde das größte Ergebnis.

a) 5 4 3 8   b) 8 2 4 5   c) 7 2 6 8   d) 3 9 7 4

e) Findest du die Regel? Die beiden ___ Ziffernkarten multiplizieren, dann die ___ Ziffernkarte subtrahieren, dann mit der letzten Ziffernkarte multiplizieren.

8 a) Dieselben Ziffernkarten wie in Aufgabe 7. Finde das kleinste Ergebnis.
b) Wie heißt die Regel?

9 Erst multiplizieren, dann addieren, dann multiplizieren.
a) Wie heißt das kleinste Ergebnis? Wie rechnest du?
b) Wie heißt das größte Ergebnis? Wie rechnest du?

2 3 1 0

1 Manche Anzahlen kann man nicht genau angeben. Oft genügt die ungefähre Zahl. Um herauszufinden, wie viele Ameisen auf dem Bild zu sehen sind, müssen die Kinder nicht alle Ameisen zählen.

Im Feld oben links sind 12 Ameisen.
Luca

Ich zähle die Ameisen im Feld unten rechts.
Nora

Ich zähle die Ameisen in der ersten Spalte.
Kemal

a) Luca bestimmt mit einer Tabelle, wie viele Ameisen ungefähr auf dem Bild zu sehen sind. Übertrage die Tabelle in dein Heft und ergänze die fehlenden Zahlen.

b) Nora trägt in eine Tabelle ein, wie viele Ameisen sie gezählt hat. Welche Gesamtzahl ergibt Noras Rechnung?

c) Kemal hat 2 Felder ausgezählt. Dafür muss er weniger rechnen. Welche Gesamtzahl ergibt seine Rechnung?

Felder	1		2		2	0
Ameisen	1	2				

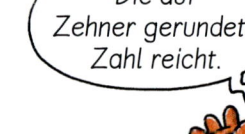
Die auf Zehner gerundete Zahl reicht.

2 a) Zählt selbst die Ameisen in einem Feld oder einer Spalte. Berechnet die Gesamtzahl der Ameisen. Vergleicht eure Ergebnisse mit den Ergebnissen von Luca, Nora und Kemal.

b) Welche Zahl würdest du für die Gesamtzahl der Ameisen angeben?

3 Schätze die Anzahl der Punkte. Wie gehst du vor? Runde auf Zehner.

a)
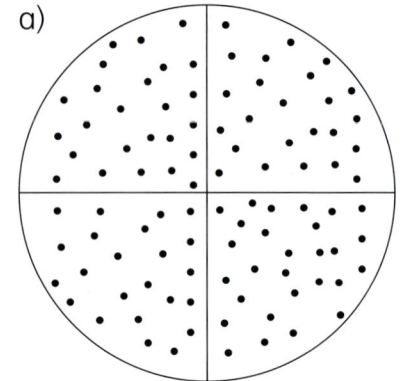

b)
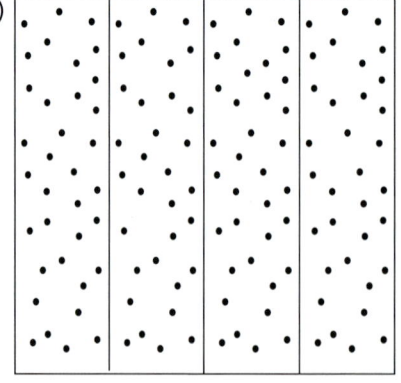

c)
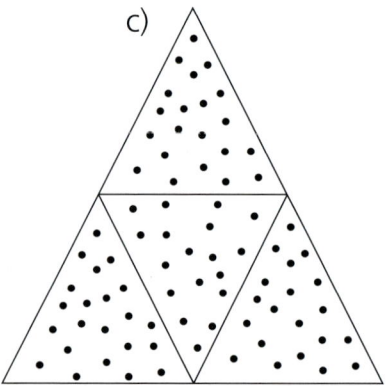

4 Ein Aquarium fasst 40 Eimer Wasser. Herr Spenner schöpft einen Eimer Wasser heraus. Darin findet er 8 Wasserflöhe. Schätze, wie viele Wasserflöhe im Aquarium sind.

 1 Schätzt die Anzahl der Zuschauer auf dem Bild.

a) Um das Schätzen zu erleichtern, ist auf das Bild ein Karoraster gelegt. Wie viele Felder hat es?

b) Wählt ein Feld aus und zählt: Wie viele Zuschauer sind darin zu sehen?

c) Berechnet mit dieser Zahl die Gesamtzahl der Zuschauer auf dem Bild. Eine Rechentabelle hilft.

d) Nun zählt ein anderes Feld aus und berechnet damit die Gesamtzahl.

e) Wie viele Zuschauer sind auf dem Bild ungefähr zu sehen? Was schätzt ihr?

2 Kirsten und Sonja schätzen auf eine andere Art, wie viele Zuschauer auf dem Bild zu sehen sind.

a) Kirsten hat eine Zuschauerreihe in der Mitte ausgezählt: Da sitzen 22 Zuschauer.
Dann zählt sie die Reihen: Es sind 15 Reihen.
Eine Rechentabelle hilft ihr weiter.

Reihen	1	5	10	15
Zuschauer	22			

b) Sonja hat eine Reihe vorne ausgezählt: Da sitzen zwanzig Zuschauer.

3 a) Zähle selbst eine Reihe hinten aus. Dann rechne wie Kirsten.

b) Vergleiche dein Ergebnis mit dem von Sonja und mit dem von Kirsten.

c) Wie viele Zuschauer sind auf dem Bild ungefähr zu sehen? Was schätzt du jetzt?

1
a) 4 · 70
   7 · 70
   9 · 70
   3 · 70

b) 3 · 60
   5 · 80
   8 · 40
   6 · 90

c) 90 · 9
   80 · 2
   60 · 4
   40 · 8

2
a) 280 : 4
   160 . 4
   360 : 4

b) 250 : 5
   420 : 6
   640 : 8

c) 300 : 60
   480 : 80
   210 : 30

3
a) 6 · 13
   4 · 17
   7 · 18

b) 18 · 6
   19 · 5
   12 · 8

c) 15 · 7
   13 · 5
   15 · 5

65 68 75 78 95 96 104 105 108 126

4 Alle Ergebnisse haben die Quersumme 9.

a) 3 · 18
   3 · 15
   3 · 12

b) 5 · 27
   3 · 51
   6 · 24

c) 39 · 6
   25 · 9
   63 · 4

5 Die Summe der drei Ergebnisse ist 400.

a) 4 · 30
   4 · 51
   4 · 19

b) 5 · 27
   5 · 29
   5 · 24

c) 15 · 2
   25 · 5
   35 · 7

6 Welche Zahl ist es? Sie ist kleiner als 200 und gehört zur 40er- und zur 30er-Reihe.

7

a) 40 3
b) 4 360
c) 70 560
d) 6 240

8

Stunden	1	3		7	
Minuten			300		540

9 Wie heißt die Zahl?

a) Das Dreifache der Zahl ist 120.

b) Wenn du die Zahl mit 80 multiplizierst, erhältst du 560.

c) Wenn du die Zahl mit 50 multiplizierst und danach 200 addierst, erhältst du 500.

90 ct   **45 ct**   **2,10 €**   **30 ct**   **0,75 €**   **80 ct**

10 Wie teuer sind die Waren?
a) 2 Tüten Sammelbilder   b) 4 Säckchen Murmeln   c) 20 Luftballons

11 a) 3 Überraschungstüten   b) 5 Bogen Aufkleber
c) 6 Tüten Sammelbilder   d) 6 Tütchen Wasserbomben

12 Wie viel Euro müssen die Kinder bezahlen?

a) *Mara kauft eine Tüte Sammelbilder, zehn Luftballons und drei Säckchen Murmeln.*

b) *Nicolas kauft für seinen Kindergeburtstag sieben Bogen mit Aufklebern und vier Überraschungstüten.*

c) *Finja möchte sich eine Tüte Wasserbomben, 20 Luftballons und 4 Säckchen Murmeln kaufen.*

d) *Sarah möchte...*

1 Wie spät ist es? Schreibe immer zwei Uhrzeiten auf.

a)  b) c) d) e)

2 a) Wie viele Minuten sind es bis zur vollen Stunde?

A `12:07`   B `09:47`   C `15:23`   D `18:51`   E `20:12`

b) Wie viel Uhr war es vor einer halben Stunde?

c) Wie viel Uhr ist es in einer Viertelstunde?

3 a) Wie lange dauern die einzelnen Sendungen?

b) Frauke will nicht länger als eine halbe Stunde vor dem Fernseher sitzen. Sie möchte aber verschiedene Sendungen sehen. Geht das?

c) Peter sieht sich die Koalas und Mission Odyssey an. Wie lange sitzt er vor dem Fernseher?

> **14.10** Schloss Einstein
> **15.00** Koalas
> **15.50** logo!
> **16.00** Platz für Helden
> **16.25** Mein Ah!
> **16.30** Mission Odyssey
> **17.15** Flipper & Lopeka
> **17.35** Timm Thaler
>
> KiKa

4 Schreibe alle Beträge mit Komma. Ordne. Beginne mit dem kleinsten Wert.

| 359 ct | 390 ct | 30 € 9 ct |
| 30 € 19 ct | 3,09 € | 30 € 90 ct |

5
a)
5,30 € + 2,80 €
1,30 € + 2,50 €
4,70 € + 4,30 €
3,80 € + 1,70 €

b)
0,90 € + 8,40 €
7,10 € + 0,60 €
3,90 € + 3,90 €
0,70 € + 4,35 €

6
a)
9,80 € − 2,70 €
5,90 € − 2,90 €
4,30 € − 1,60 €
6,50 € − 4,80 €

b)
9,10 € − 0,50 €
3,40 € − 1,70 €
5,30 € − 0,80 €
4,60 € − 2,55 €

7 Wie viel Geld fehlt bis zum nächsten vollen Eurobetrag?

a)
2,70 € + ____ € = 3,00 €
6,50 € + ____ € = 7,00 €
4,35 € + ____ € = 5,00 €

b)
7,25 €
3,82 €
5,17 €

8 Tina kauft einen Schreibblock für 0,85 €. Sie bezahlt mit einem 5-€-Schein. Wie viel Euro bekommt sie zurück?

9 a)

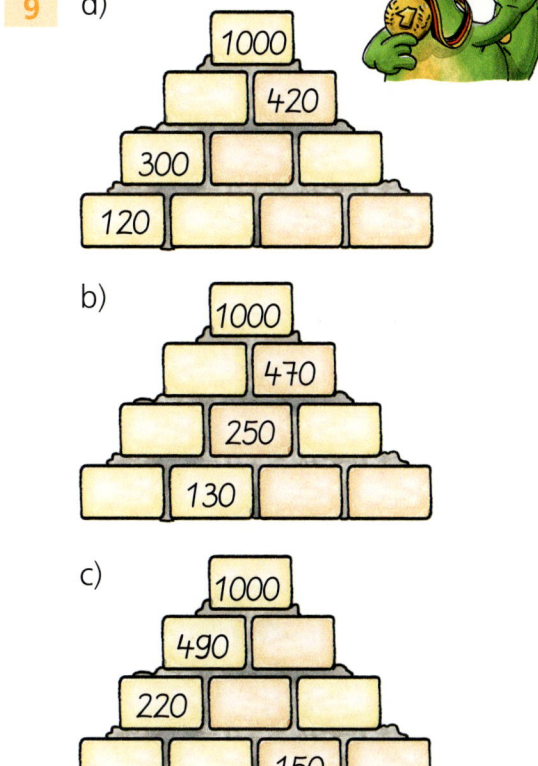

b)

c)

d) Finde noch mehr Zahlenmauern zur 1000.

1 Was ist schwerer? Nimm die Gegenstände in die Hand und vergleiche.
Stuhl und Papierkorb,   Becher und Tasse,   Ranzen und ...

2 Vergleicht eure Ranzen.
a) Welcher Ranzen ist schwerer?   b) Welcher Ranzen ist am schwersten?

3 Ordne die Gegenstände nach ihrem Gewicht. Schätze zuerst, dann prüfe nach.

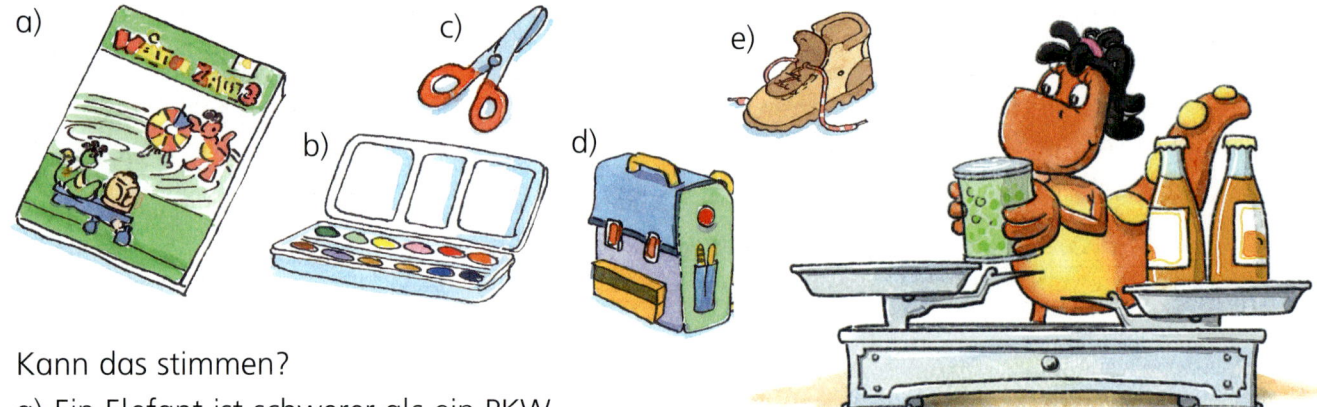

4 Kann das stimmen?
a) Ein Elefant ist schwerer als ein PKW.
b) Eine Scheibe Toast ist schwerer als ein Brötchen.
c) Eine Amsel ist schwerer als eine Taube.

5 Wie schwer ist das Obst?

6

1 a) Ordne die Gegenstände nach ihrem Gewicht. Schätze zuerst, dann prüfe nach.
Welche Waage benutzt du?

A B C D E F G

b) Anna hat die Gegenstände gewogen. Ordne die Gewichte zu.
Schreibe so: *A 15 g*

| 15 g | 20 g | 100 g | 180 g | 220 g | 800 g | 3 kg |

2 a)

b) 20 _____

c) 1 _____

d) 1 _____

Gramm (g) oder Kilogramm (kg)

e) 70 _____

f) 100 _____

g) 25 _____

10 _____

3 Ordne die Gewichte zu. Schreibe: *A =*

A B C D E

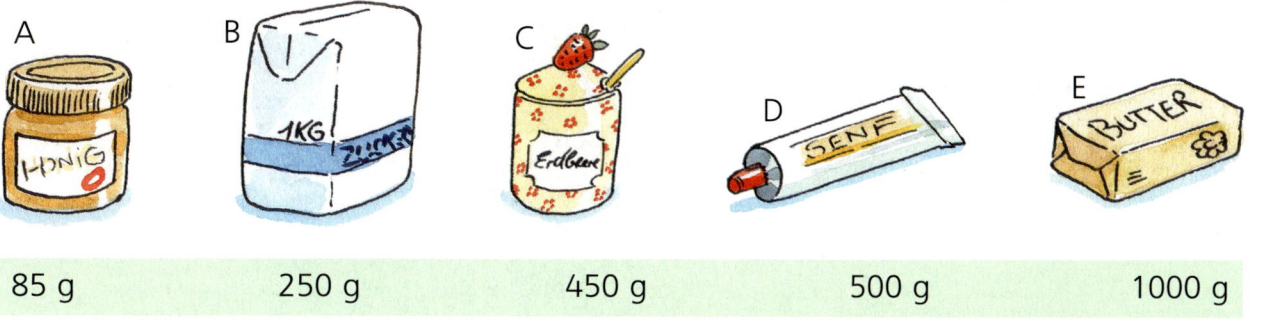

| 85 g | 250 g | 450 g | 500 g | 1000 g |

1

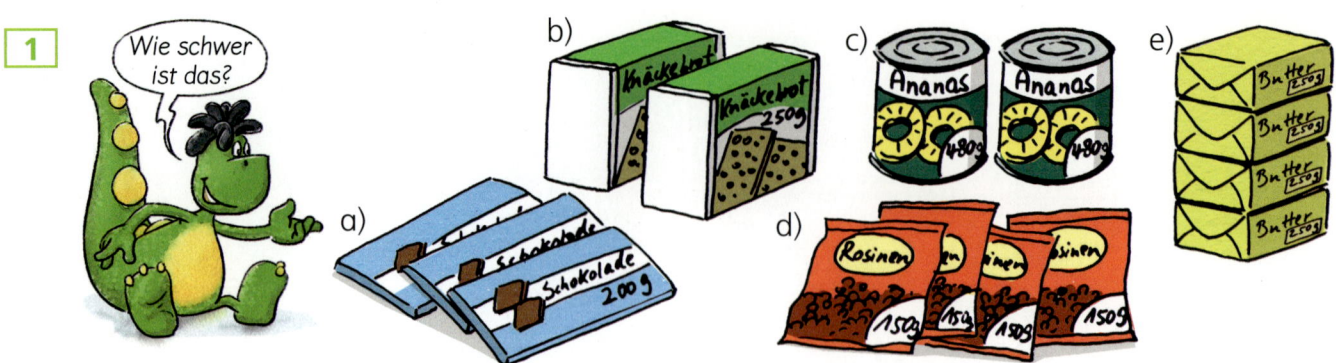

2 Wie viele Packungen musst du von einer Sorte kaufen, um genau 1 kg zu haben?
Schreibe: *5 Pakete Toast wiegen 1 kg.*

3 Paula geht einkaufen.
Wie schwer ist der volle Korb am Montag (Mittwoch, Freitag)?
Der leere Korb wiegt 350 g.

Montag	Mittwoch	Freitag
250 g Butter	1000 g Quark	1 l Milch
500 g Joghurt	750 g Äpfel	1 kg Mehl
100 g Schokolade	250 g Wurst	150 g Joghurt

4

 1 kg = _____ g

 $\frac{1}{2}$ kg = _____ g

 $\frac{1}{4}$ kg = _____ g

5 Frühere Gewichtsmaße

500 g das ist ein Pfund.

250 g, das ist ein halbes Pfund.

6 Ergänze auf 1 Kilogramm.

8 0 0 g + _____ g = 1 kg

a)	b)	c)	d)
800 g	300 g	920 g	350 g
230 g	150 g	80 g	509 g
670 g	415 g	571 g	87 g
500 g	901 g	716 g	4 g

1 Wie viel Gramm wiegt das Obst?

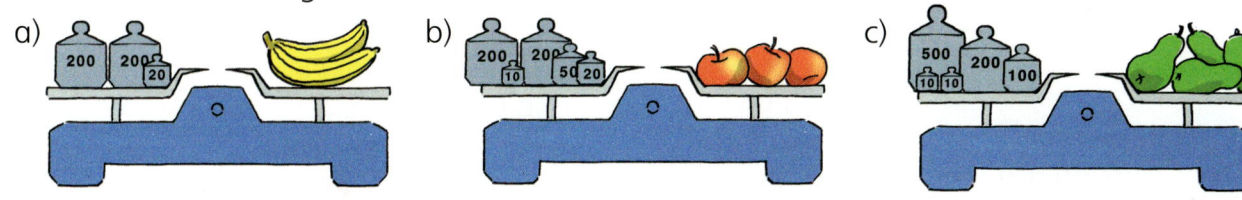

a) b) c)

2 Welche Gewichtsstücke setzt du auf die Waage?
Verwende so wenige wie möglich.
Schreibe: *a) 350 g = 200 g + 100 g + 50 g*

a) 350 g   435 g   444 g   481 g
b) 538 g   555 g   642 g   666 g
c) 674 g   723 g   777 g   888 g
d) 999 g   1001 g   1052 g   1100 g

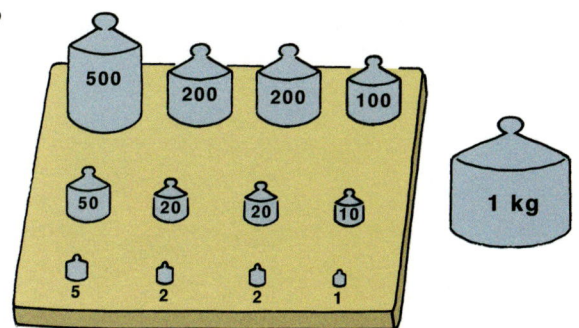

3 Richtig oder falsch? Wer hat Recht?

Ich kann mit drei Gewichtsstücken 222 g auswiegen. — Jan

Für 603 g brauche ich nur drei Gewichtsstücke. — Paula

Bei 402 g nehme ich auch nur drei Gewichtsstücke. — Jason

Ich kann alle Gewichte bis 1000 g auswiegen. — Julia

4 a) Ein Kind nennt ein Gewicht. Das andere setzt es aus möglichst wenigen
Gewichtsstücken zusammen.
b) Für welches Gewicht braucht ihr viele Gewichtsstücke? Wie viele braucht ihr?

5 Wie schwer ist das Obst? Wie schwer ist das Gemüse?

a) b) c)

6 Wie viel wiegt ein Stück?

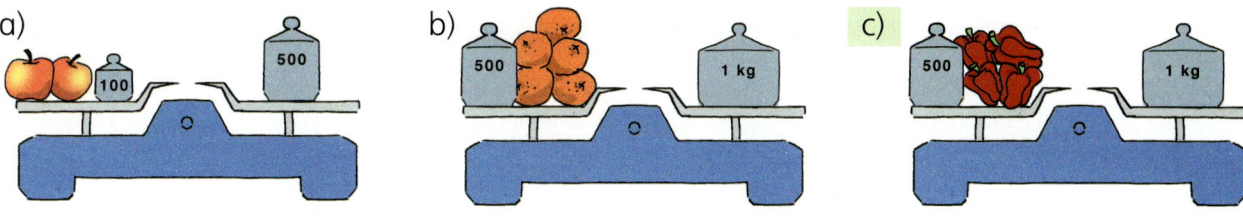

a) b) c)

7 Welche Gewichtsstücke fehlen auf der linken Seite?

a) b) c)

So viel können Tiere wiegen
Elefant: Bulle 5 000 kg, Kuh 2 800 kg, Kalb 100 kg
Giraffe: Bulle 1 800 kg, Kuh 1 100 kg, Kalb 50 kg
Löwe: Männchen 220 kg, Weibchen 150 kg, Baby 1,5 kg
Zebra: Hengst 320 kg, Stute 320 kg, Fohlen bei der Geburt 35 kg
Breitmaulnashorn: Männchen 3 200 kg, Weibchen 1 600 kg, Baby 35 kg

So schnell können Tiere laufen
Elefant 40 km/h
Giraffe 50 km/h
Löwe 80 km/h
Zebra 70 km/h
Nashorn 45 km/h
Antilope 95 km/h
Gepard 110 km/h

So alt können Tiere werden
Elefant bis zu 70 Jahre
Giraffe bis zu 30 Jahre
Löwe bis zu 25 Jahre
Zebra bis zu 30 Jahre
Nashorn bis zu 35 Jahre

Das können Tiere leisten
Ein Elefant kann 8 l Wasser auf einmal aufnehmen.
Giraffen schlafen nur 20 Minuten am Tag.
Das Brüllen der Löwen ist 8 km weit zu hören.

1 a) Berechne den Gewichtsunterschied zwischen einem Löwenmännchen und einem Löwenweibchen.

  b) Wie viel km/h läuft ein Gepard schneller als eine Giraffe?

  c) Welches Tier kann doppelt so alt werden wie ein Nashorn?

2 Ordne die Tiere

  a) nach der Geschwindigkeit und   b) nach dem Alter.

3 Suche Zahlen zum Vergleichen, Ordnen, Weiterrechnen und Staunen.

So viel können Tiere fressen

In der freien Wildbahn fressen Elefanten Gras,
Blätter, Baumrinde, Früchte und kleine Äste.
Giraffen fressen Blätter und junge Triebe
aus Bäumen bis in fünf Meter Höhe.
Zebras ernähren sich vorwiegend von Gras.

So viel fressen die Tiere täglich

Elefant	Giraffe	Zebra
150 kg	40 kg	20 kg

1 Wie viel Kilogramm Futter frisst
ein Elefant in sechs Tagen?
Löse die Aufgabe mit einer
Rechentabelle.

Tage		1	2	3	4	5	6
Futter (kg)	1 5 0	3 0 0	4 5 0				

2 a) Wie viel Kilogramm Futter fressen ein Zebra
und eine Giraffe zusammen an einem Tag?

b) Wie viel Futter fressen sie
zusammen in acht Tagen?

c) Wie viel Futter fressen sie zusammen
in 15 Tagen? Löse mit einer Rechentabelle.

3 Wie viel Futter frisst eine Giraffe in 15 Tagen?

4 Wie viele Tage kann eine Giraffe von 800 kg Futter leben?

5 Während einer langen Dürrezeit legen Wildhüter im Nationalpark für hungernde Zebras
800 kg Gras und Heu aus.

a) Wie lange kann ein Zebra von 800 kg Futter leben?

b) Wie lange kann eine Zebraherde mit 20 Tieren von dem ausgelegten Futter leben?

6 Stimmt das? Eine Giraffe und ein Zebra benötigen in 15 Tagen so viel Futter wie ein
Elefant in 6 Tagen.

7 Finde eigene Aufgaben und löse sie.

Elefantenbulle *Willi*	Giraffenkuh *Ute*	Zebra *Sven*	Schimpanse *Uli*

Alter: 15 Jahre Gewicht: 4200 kg Leckerei: 11 kg Obst/Gemüse	Alter: 22 Jahre Gewicht: 900 kg Leckerei: 15 kg Blätter	Alter: 10 Jahre Gewicht: 280 kg Leckerei: 12 kg Gras	Alter: 38 Jahre Gewicht: 40 kg Leckerei: 500 g Obst

Zootiere bekommen neben dem Futter, das sie auch in der Wildnis fressen, viel Spezialfutter. Dazu gehören täglich auch Leckereien. Diese erhalten sie oft zur Fütterung als Belohnung.

1 a) Wie viel Kilogramm Gras frisst das Zebra Sven in einer Woche?

b) Wie viel Gras frisst Sven in vier Wochen?

2 a) Wie viel Kilogramm Blätter frisst die Giraffe Ute in sechs Tagen?

b) In wie viel Tagen hat Ute die Menge Blätter gefressen, die ihrem Gewicht entspricht?

3 Der Schimpanse Uli frisst jeden Tag 500 g Obst, am liebsten Bananen.

a) Wie viel Kilogramm Obst frisst er an zwei Tagen?

b) Wie viel Kilogramm Obst sind das in 10 Tagen, in 30 Tagen?

4 Zu Willis Lieblingsspeisen gehören auch Brot, Äpfel und Möhren. Lies aus dem Diagramm ab.

a) Wie viel Kilogramm Brot frisst er an einem Tag?

b) Wie viel Kilogramm Äpfel frisst er jeden Tag?

c) Wie viel Kilogramm Möhren frisst Willi an einem Tag?

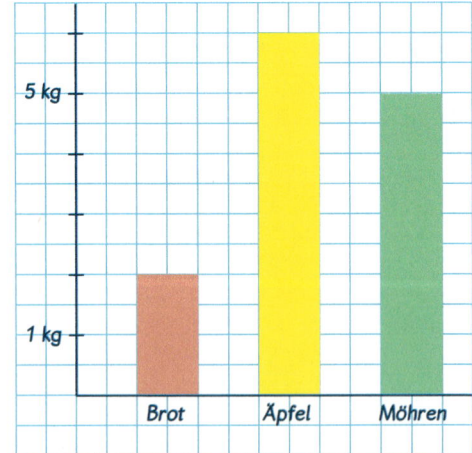

5 Tierpflegerin Olga soll für Willi Brot, Obst und Möhren bestellen.

a) Schreibe einen Bestellzettel für eine Woche.

b) Wie viel muss für vier Wochen bestellt werden?

Bestellzettel für Willi
7 Tage

Brot	___ kg
Äpfel	___ kg
Möhren	___ kg

6 Die Zoobesucherin Anna behauptet: „In 30 Tagen frisst Elefant Willi 200 kg Äpfel und 150 kg Möhren." Was stimmt und was nicht?

Löwin **Lea**	Strauß **Lilli**	Papagei **Lori**	Pinguin **Lars**

Alter: 8 Jahre Gewicht: 140 kg Leckerei: 5 kg Rindfleisch	Alter: 15 Jahre Gewicht: 100 kg Leckerei: 250 g Mais	Alter: 20 Jahre Gewicht: 130 g Leckerei: 150 g Trauben	Alter: 5 Jahre Gewicht: 2 kg Leckerei: 200 g Hering

Im Zoo werden die Tiere meistens älter als in der Wildnis. Das liegt daran, dass sie im Zoo keine Feinde haben, nie hungern müssen und bei Krankheit vom Tierarzt Medikamente bekommen.

1 a) Welche Tiere werden in der Wildnis am ältesten?
b) Welche drei Tiere werden im Zoo am ältesten?

2 Welches Tier wird in der Wildnis älter als im Zoo?

3 Welche Zootiere auf den Bildkarten haben das Höchstalter in der Wildnis schon überschritten?

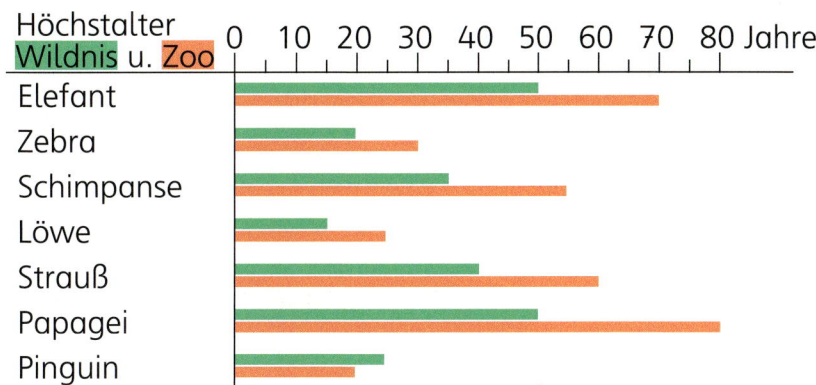

4 Strauß Lilli und Pinguin Lars haben am selben Tag Geburtstag. In wie viel Jahren ist Lilli doppelt so alt wie Lars?

5 Bei welchen Tierarten sind ausgewachsene Männchen und Weibchen gleich schwer?

	Höchstgewicht der Tiere		
	männlich	weiblich	Geburt
Elefant	5 000 kg	2 800 kg	100 kg
Zebra	320 kg	320 kg	35 kg
Schimpanse	60 kg	40 kg	2 kg
Löwe	220 kg	150 kg	1,4 kg
Strauß	135 kg	110 kg	700 g
Papagei	130 g	130 g	5 g
Brillenpinguin	3 kg	3 kg	20 g

6 Wie viel Kilogramm sind die Tiere von ihrem möglichen Höchstgewicht entfernt?
a) Willi   b) Ute   c) Sven   d) Uli
e) Lea   f) Lilli   g) Lori   h) Lars

7 Zoobesucher Uwe liest die Schautafel zum Gewicht der Tiere. Er sagt: „Zwei Straußenküken wiegen so viel wie ein Löwenbaby." Stimmt das?

8 Schreibt selbst Aufgaben zu den Zahlen von Seite 86 und Seite 87. Stellt euch gegenseitig die gefundenen Aufgaben.

1 Anna und Max haben Futter für die Schafe und Ziegen im Streichelzoo gekauft. Klara möchte wissen, was die Futtertüten kosten. Anna und Max erzählen, was sie gekauft und bezahlt haben. Wie viel Euro kostet eine Tüte Futter für Schafe, wie viel eine Tüte Futter für Ziegen?

	Futter für Schafe	Futter für Ziegen	Preis zusammen
Anna			10 €
Max			8 €
Unterschied			_____ €

2 Klara kauft für die Papageien drei Futterstangen und drei kleine Tüten Futter. Dafür bezahlt sie 9 €. Pitt bezahlte für drei Futterstangen und eine Tüte Futter 4 €. Wie viel Euro kostet eine Futterstange? Wie viel kostet eine Tüte Futter? Löse die Aufgabe mit einer Skizze.

3 Jan und Eva besuchen mit ihren Familien den Zoo. Am Mittag haben sie Hunger. Am Kiosk kauft Jan für seine Familie drei Brezeln und vier Schokobrötchen. Er bezahlt 5,50 €. Eva kauft drei Brezeln, aber nur ein Schokobrötchen. Sie bezahlt 2,50 €. Wie viel kostet eine Brezel, wie viel ein Schokobrötchen?

	Brezeln	Schokobrötchen	Preis zusammen
Jan			5,50 €
Eva			2,50 €
Unterschied			_____ €

4 Evas Mutter kauft am Getränkestand zwei Tassen Kaffee und zwei Gläser Apfelsaft. Sie bezahlt 8 €. Jans Vater kauft zwei Tassen Kaffe und noch vier Gläser Apfelsaft. Er bezahlt 11 €. Wie viel Euro kostet eine Tasse Kaffee, wie viel ein Glas Apfelsaft? Eine Skizze kann dir beim Lösen helfen.

5 Am Nachbartisch sitzen auch zwei Familien. Sie kaufen Pizzas und Käsestangen ein. Wie viel Euro kostet eine Mini-Pizza, wie viel eine Käsestange?

	Pizzas	Käsestangen	Preis zusammen
Familie Müller			9 €
Familie Schmitz			5 €

Jede Aufgabe ist anders.

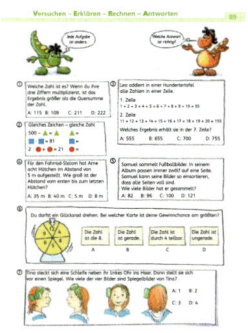

Welche Antwort ist richtig?

① Welche Zahl ist es? Wenn du ihre drei Ziffern multiplizierst, ist das Ergebnis größer als die Quersumme der Zahl.

A: 115   B: 109   C: 211   D: 222

② Gleiches Zeichen – gleiche Zahl

$500 - \triangle = \triangle$ $\triangle =$

$\blacksquare \cdot \blacksquare = 81$ $\blacksquare =$

$2 \cdot \bullet + \bullet = 21$ $\bullet =$

③ Lea addiert in einer Hundertertafel alle Zahlen in einer Zeile.

1. Zeile

$1 + 2 + 3 + 4 + 5 + 6 + 7 + 8 + 9 + 10 = 55$

2. Zeile

$11 + 12 + 13 + 14 + 15 + 16 + 17 + 18 + 19 + 20 = 155$

Welches Ergebnis erhält sie in der 7. Zeile?

A: 555   B: 655   C: 700   D: 755

④ Für den Fahrrad-Slalom hat Arne acht Hütchen im Abstand von 5 m aufgestellt. Wie groß ist der Abstand vom ersten bis zum letzten Hütchen?

A: 35 m   B: 40 m   C: 5 m   D: 8 m

⑤ Samuel sammelt Fußballbilder. In seinem Album passen immer zwölf auf eine Seite. Samuel kann seine Bilder so einsortieren, dass alle Seiten voll sind. Wie viele Bilder hat er gesammelt?

A: 82   B: 96   C: 100   D: 121

⑥ Du darfst ein Glücksrad drehen. Bei welcher Karte ist deine Gewinnchance am größten?

Die Zahl ist die 8.	Die Zahl ist gerade.	Die Zahl ist durch 4 teilbar.	Die Zahl ist ungerade.
A	B	C	D

⑦ Tina steckt sich eine Schleife neben ihr linkes Ohr ins Haar. Dann stellt sie sich vor einen Spiegel. Wie viele der vier Bilder sind Spiegelbilder von Tina?

A: 1   B: 2

C: 3   D: 4

Schriftliches Addieren

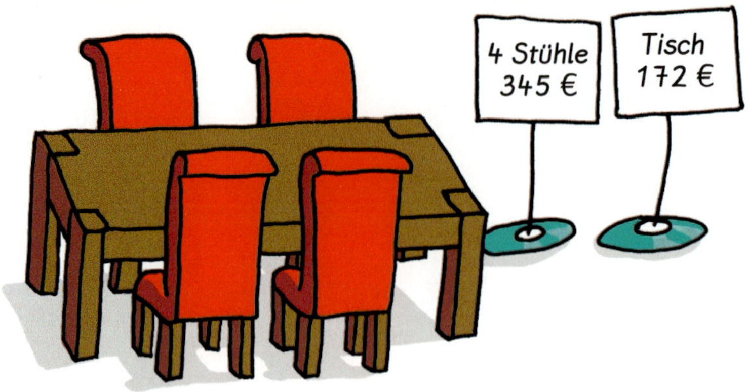
4 Stühle
345 €
Tisch
172 €

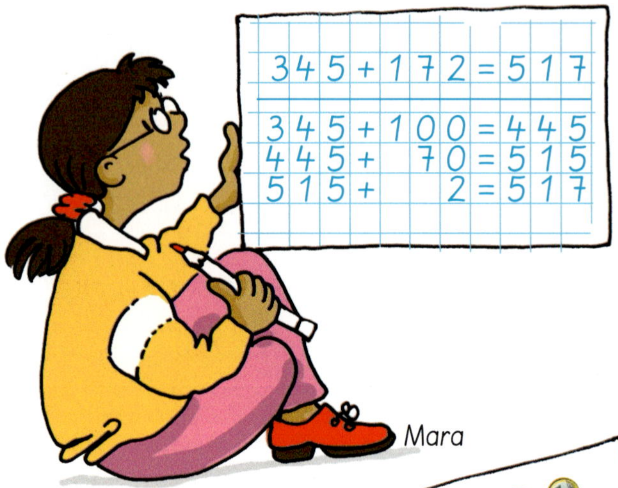
345 + 172 = 517
345 + 100 = 445
445 + 70 = 515
515 + 2 = 517
Mara

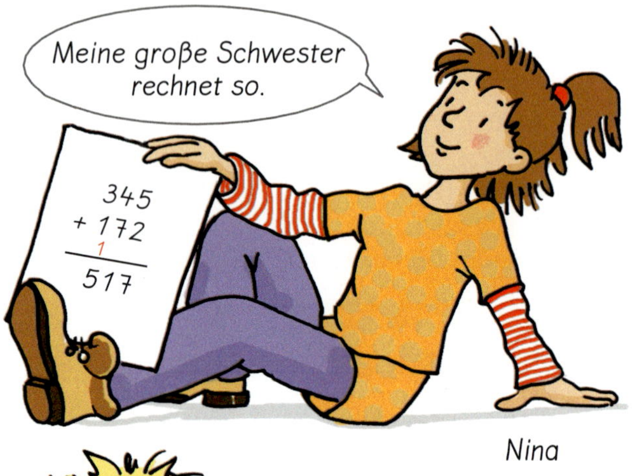
Meine große Schwester rechnet so.
345
+ 172
1
517
Nina

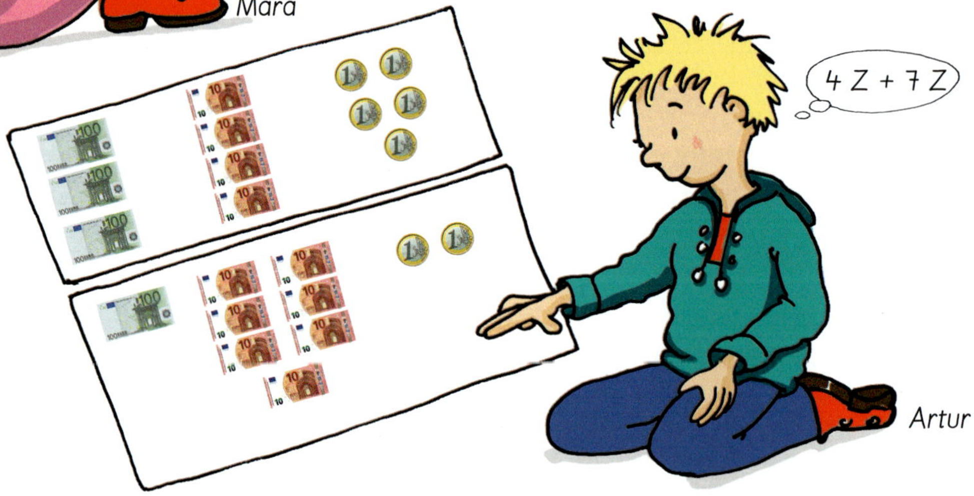
4 Z + 7 Z
Artur

1 Lara bekommt einen Schreibtischstuhl für 126 Euro und einen neuen Schreibtisch für 248 Euro. Wie teuer sind beide Teile zusammen? Lege mit Rechengeld, dann addiere. Schreibe wie Zahlix und Zahline.

Stuhl und Tisch zusammen?
1 2 6
+ 2 4 8
1
4

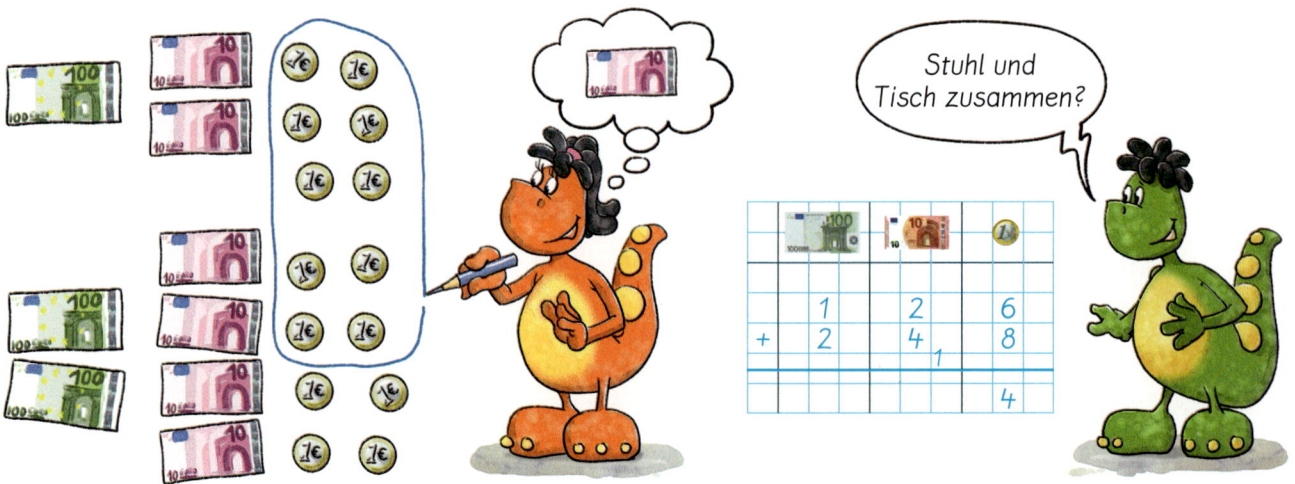

1 Lege mit Rechengeld, dann addiere. Schreibe wie Zahlix und Zahline.

2	5	8
1	2	6

3	4	2
2	7	1

3	7	8
1	6	5

2 Zuerst die Einer,   dann die Zehner,   dann die Hunderter.

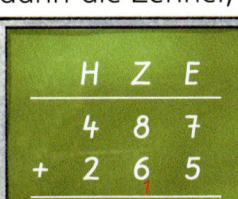

```
  H Z E
  4 8 7
+ 2 6 5
      2
```

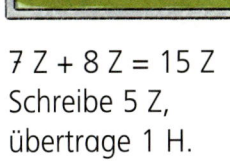

```
  H Z E
  4 8 7
+ 2 6 5
    5 2
```

```
  H Z E
  4 8 7
+ 2 6 5
  7 5 2
```

5 E + 7 E = 12 E
Schreibe 2 E,
übertrage 1 Z.

7 Z + 8 Z = 15 Z
Schreibe 5 Z,
übertrage 1 H.

3 H + 4 H = 7 H
Schreibe 7 H.

3 Zuerst die Einer, dann die Zehner, dann die Hunderter.

a)
```
  H Z E
  3 3 6
+ 4 1 7
```
482

b)
```
  H Z E
  6 5 7
+ 2 3 7
```
532

c)
```
  H Z E
  2 4 4
+ 2 3 8
```
753

d)
```
  H Z E
  7 6 2
+ 1 5 3
```
791

e)
```
  H Z E
  4 8 5
+ 3 8 4
```
869

f)
```
  H Z E
  6 9 8
+   9 3
```
894   915

4 Stellengerecht schreiben: Einer unter Einer, Zehner unter Zehner, Hunderter unter Hunderter.

a)   345
   + 249
   524

b)   163
   + 471
   594

c)   316
   + 208
   596

d)   526
   + 218
   634

e)   527
   + 69
   636

f)   43
   + 593
   736   744

5 Addiere schriftlich. Schreibe stellengerecht untereinander, dann rechne.

a) 118 + 137
   457 + 215
   255   276

b) 266 + 436
   409 + 256
   345   475

c) 496 + 216
   197 + 278
   500   522

d) 187 + 158
   143 + 357
   585   665

e) 159 + 117
   444 + 78
   672   702   712

6 Aufgepasst! Schreibe auch hier stellengerecht untereinander.

a) 382 + 57   b) 67 + 226   c) 85 + 585   d) 206 + 439
e) 238 + 49   f) 79 + 443   g) 73 + 408   h) 283 + 407
287   293   439   481   522   534   645   670   690

Von unten nach oben, von rechts nach links, an Überträge denken, dann gelingt's.

7 a) Addiere 593 und 274.
b) Berechne die Summe von 437 und 189.
c) Berechne die Summe von 48 und 738.

8 a) Berechne das Doppelte von 484.
b) Addiere 279 zum Doppelten von 325.
c) Addiere das Doppelte von 249 zu 498.

1
a) 364
+ 423

b) 271
+ 614

c) 318
+ 441

d) 635
+ 248

e) 347
+ 459

f) 465
+ 253

g) 444
+ 297

h) 558
+ 281

i) 678
+ 75

j) 273
+ 668

k) 84
+ 769

l) 478
+ 383

718   741   753   759   763   787   806   839   853   861   883   885   941

2 Addiere schriftlich.

a) 342 + 97   b) 165 + 128   c) 287 + 383   d) 406 + 239   e) 382 + 54

f) 227 + 60   g) 176 + 346   h) 272 + 211   i) 388 + 302   j) 66 + 257

287   293   323   346   436   439   483   522   645   670   690

3 Addiere die Riesenzahlen. Du erhältst besondere Ergebnisse.

a)   2765843963
+ 2789711592

b)   731047653
+ 268952346

c)   105379648273
+   5731462838

d)   57407141056072657
+ 41358291067384132

e)   169905825236936
+ 274538619207508

f)   73472863469
+   4304914308

g) Erfinde eine Addition mit Riesenzahlen. Rechne die Aufgabe selbst, dann gib sie
deinem Partner zum Rechnen. Erhaltet ihr beide das gleiche Ergebnis?

4 Hier erhältst du besondere Ergebnisse.

a) 227 + 373   b) 346 + 454   c) 167 + 333   d) 436 + 264   e) 487 + 513

f) Schreibe eine Aufgabe zum schriftlichen Addieren. Das Ergebnis soll 900 sein.

5
a)
123 + 365
234 + 365
345 + 365

b)
275 + 417
275 + 427
275 + 437

c)
542 + 298
542 + 295
542 + 292

d)
34 + 478
144 + 478
254 + 478

6
a)
777 + 198
666 + 287
555 + 376

b)
558 + 333
448 + 444
338 + 555

c)
334 + 654
445 + 543
556 + 432

d)
508 + 245
418 + 356
328 + 467

7 Addieren von drei Zahlen.

a) 359
+ 106
+ 328

b) 639
+ 235
+ 119

c) 406
+ 129
+ 375

d) 294
+ 180
+ 179

e) 421
+ 389
+ 17

f) 58
+ 214
+ 367

g) 747
+ 26
+ 167

h) 472
+ 36
+ 19

Schreibe 3 E, übertrage 2 Z.

527   639   653   793   827   839   910   940   993

8 Addiere schriftlich. Jedes Ergebnis hat die Quersumme 14.

a) 219 + 121 + 214   b) 113 + 267 + 381   c) 208 + 68 + 431   d) 309 + 109 + 19

5 , **6** Starke Aufgaben: Gesetzmäßigkeit erkennen und Aufgabenfolge fortsetzen.

1 Vier Lösungen sind falsch. Findest du die Fehler? Berichtige.

a)		b)		c)		d)		e)		f)	
2 6 4		3 8 0		4 3 4		3 6 6		2 0 7		1 7 4	
+ 4 6 5		+ 1 2 9		+ 2 8 5		+ 3 2 5		+ 6 9 4		+ 6 0 8	
		₁		₁				₁ ₁			
6 2 9		4 0 9		7 1 9		6 8 2		9 0 1		7 0 2	

2 Welche Ziffern fehlen, damit diese Rechnungen richtig werden? Achte auch auf Überträge.

a)
```
  3 ■ 5
+ 2 1 ■
-------
■ 6 9
```

b)
```
  4 2 ■
+ ■ ■ 5
-------
  7 7 8
```

c)
```
  4 3 ■
+ 2 ■ 8
-------
■ 8 3
```

d)
```
  3 6 ■
+ 2 ■ 5
-------
■ 3 9
```

e)
```
  ■ ■ ■
+ 1 1 7
-------
  3 5 1
```

f)
```
  4 1 ■
+ 5 ■ 3
-------
■ 3 2
```

g)
```
  3 0 ■
+ 2 ■ 4
-------
■ 0 1
```

h)
```
  6 9 ■
+ ■ ■ 2
-------
  9 0 2
```

i)
```
  3 ■ 9
+ 5 7 ■
-------
■ 6 3
```

j)
```
  6 0 ■
+ ■ 1 4
-------
  9 ■ 3
```

k)
```
  4 3 ■
+ ■ 7 6
-------
  6 ■ 5
```

l)
```
  ■ ■ ■
+ 1 5 7
-------
  3 5 5
```

3 Wie heißt die Zahl?

a) Wenn ich die Zahl zur Summe von 375 und 223 addiere, erhalte ich 700.

b) Wenn ich die Zahl zur Summe von 287 und 538 addiere, erhalte ich 1000

c) Wenn ich von der Zahl die Summe von 378 und 416 subtrahiere, erhalte ich 6.

4 Rechne diese Aufgaben von oben nach unten.
Zur Probe rechne wie bisher.

a)
```
  346
+ 258
```

b)
```
  436
+ 264
```

c)
```
  227
+ 393
```

```
H Z E
3 4 6
+ 2 5₁8
    4
```

6 + 8 = 14
Schreibe 4 E,
übertrage 1 Z.
4 + 6 = 10

5 Rechne diese Aufgaben von oben nach unten. Dann rechne zur Probe wie bisher.

a)
```
  507
+ 393
```

b)
```
  487
+ 513
```

c)
```
  167
+ 409
```

d)
```
  382
+ 409
```

e)
```
  607
+ 314
```

f)
```
  783
+  96
```

1 Welche Aufgaben rechnest du im Kopf? Welche schriftlich?

2

a) 299 + 627   b) 699 + 137   c) 178 + 299
    199 + 403   499 + 258   133 + 399
    399 + 157   599 + 217   431 + 499
    398 + 283   298 + 645   298 + 299

   477   532   556   597   602   681   691
   757   816   836   926   930   943

3

a) 409 + 331   b) 788 + 202   c) 432 + 308
    407 + 553   355 + 105   291 + 609
    405 + 265   637 + 203   536 + 304
    506 + 144   121 + 709   671 + 309

   460   650   670   740   740   830   840
   840   900   940   960   980   990

4 Im Kopf oder schriftlich? Wie geht es schneller? Entscheide bei jeder Aufgabe neu.
Alle Ergebnisse haben die Quersumme 12.

a) 250 + 320   b)   80 + 580   c) 401 + 133   d) 300 + 140 + 400
   410 + 304   61 + 221   352 + 200   107 + 403 + 204
   312 + 312   200 + 415   524 + 289   150 + 202 + 200
    99 + 246   178 + 455   480 + 450   246 + 417 + 258

5 Bei jedem Ergebnis ist die Quersumme 9 oder 18.

a) 400   580   688 (+) 140   203   275   b) 200   209   290 (+) 520   646   700

6 a)
462 + 105
462 + 155
462 + 205

b)
500 + 240
512 + 248
524 + 256

c)
298 + 112
318 + 132
338 + 152

d)
300 + 152
325 + 157
350 + 162

 Starke Aufgaben: Gesetzmäßigkeit erkennen und Aufgabenfolge fortsetzen.

1

2 Rechnet in Kleingruppen. Ein Kind wählt die Aufgabe und rechnet wie Emil.
Die anderen Kinder schreiben einen Überschlag auf. Vergleicht die Überschläge.

a) 123 + 288 b) 449 + 207 c) 721 + 179 d) 438 + 407 e) 264 + 509

3

| 98 | 140 | 220 | 303 | 410 | 599 | 650 | 880 |

Wähle zwei Zahlen. Addiere sie.

a) Summe kleiner als 500
Es gibt fünf Aufgaben.
238   318   360   401   443

b) Summe zwischen 800 und 1000
Es gibt fünf Aufgaben.
819   870   902   953   978

c) Summe zwischen 600 und 800
Es gibt sechs Aufgaben.
630   697   713   739   748   790

4

| 68 | 177 | 207 | 298 | 389 | 504 | 605 | 719 |

Wähle zwei Zahlen. Addiere sie.

a) Summe kleiner als 500
Es gibt sechs Aufgaben.
245   275   366   384   457   475

b) Summe zwischen 800 und 1000
Es gibt sieben Aufgaben.
802   812   893   896   903   926   994

5 Dieselbe Zahlenleine. Wähle drei Zahlen. Addiere sie.

a) Summe kleiner als 600
452 543 573

b) Summe kleiner als 1000, Einerziffer Null
850 870 880

1 Wie viel Euro kostet es zusammen? Schreibe wie Zahlix oder wie Zahline.

a)

	1	10	1	
	4	4	9	
+		9	4	
		1	1	
	5	4	3	

		4,	4	9	€
	+	0,	9	4	€
			1	1	
		5,	4	3	€

b)   c)   d)

2 Du hast einen Gutschein über 10 €. Was würdest du dafür gerne einkaufen?

3 Was könntest du einkaufen, um möglichst genau 10 € auszugeben?

4 Berechne erst die Summe, dann das Rückgeld.

a) Dario kauft:

Dario zahlt			
Er erhält		zurück.	

b) Tim kauft:

Er gibt  .

Er gibt .

c) Marie kauft:

d) Carolin kauft:

e) Und Herr Lehmann? Er kauft:

Sie gibt .

Sie gibt .

Er gibt .

1 Palindrome sind Wörter, die du vorwärts und rückwärts lesen kannst:
Immer kommt das gleiche Wort heraus.
Auch bei Zahlen gibt es Palindrome:

1473741

343 **5225** **13531**

Diese Zahlen kannst du von links nach rechts oder von rechts nach links lesen und schreiben. Sie bleiben gleich.

a) Welche Zahlen sind Palindrome, welche nicht?

131   1313   313   3113   3311   3131   13131   31113

b) Schreibe Zahlenpalindrome auf. Findest du auch welche mit ganz vielen Stellen?
Welche Zahlen kannst du lesen?

2 So kannst du Zahlenpalindrome bekommen.
Wähle eine Startzahl.
Bilde die Spiegelzahl davon.
Addiere die beiden Zahlen.
Das Ergebnis ist kein Zahlenpalindrom?

Dann weiter mit dem Ergebnis.
Dazu die Spiegelzahl addieren.
Noch immer kein Palindrom?

Also noch einmal.
Ein Palindrom in 3 Schritten.

```
    3 5 6
+   6 5 3
---------
  1 0 0 9

    1 0 0 9
+   9 0 0 1
-----------
  1 0 0 1 0

  1 0 0 1 0
+ 0 1 0 0 1
-----------
  1 1 0 1 1
```

Rechne mit diesen Startzahlen: 378   217   408   463   97

3 Wähle selbst Startzahlen. Du kannst auch deine Hausnummer nehmen,
deine Telefonnummer, das Alter deines Vater, deine Lieblingszahl, ...

4 Tintenkleckse: Welche Ziffern sind zugekleckst? Die Ergebniszahl ist immer ein Palindrom.

a)
```
  3 2 ▮
+ 4 ▮ 3
-------
▮ 4 7
```

```
  3 ▮ 3
+ ▮ 1 ▮
-------
▮ 6 9
```

```
  7 ▮ 4
+ ▮ 6 4
-------
▮ 6 ▮
```

```
  4 7 ▮
+ ▮ 5 8
-------
▮ ▮ 7
```

b)
```
  3 ▮ 7
+ 2 3 ▮
-------
▮ 8 5
```

```
  ▮ 6 ▮
+ 2 7 5
-------
▮ ▮ 9
```

```
  1 3 ▮
+ ▮ 8 8
-------
▮ ▮ 4
```

```
  ▮ 8 ▮
+ 1 ▮ 7
-------
▮ ▮ 8 5
```

So geht's
Ecken falten

Einschneiden

Einklappen

Kleben

1 Baue einen Quader.
Schreibe auf:
Ich habe gebraucht:

_____ lange Kanten

_____ mittlere Kanten

_____ kurze Kanten

_____ Ecken

2 Aus welchen Kanten wurde der Quader gebaut? Schreibe auf wie in Aufgabe 1.

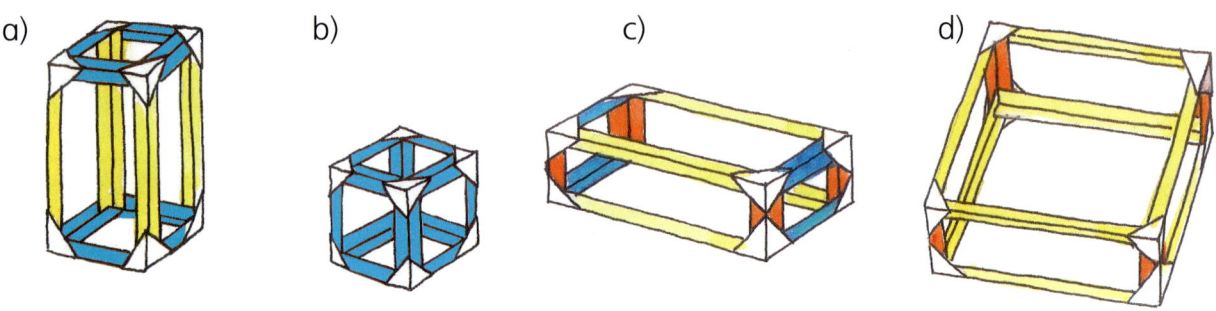

a)　　　　　　b)　　　　　　c)　　　　　　d)

3 Die Würfel sind noch nicht fertig. Wie viele Kanten fehlen noch? Wie viele Ecken?

a)　　　　　　b)　　　　　　c)　　　　　　d)

4 Die Quader sind noch nicht fertig. Wie viele lange, mittlere und kurze Kanten fehlen noch? Wie viele Ecken fehlen noch?

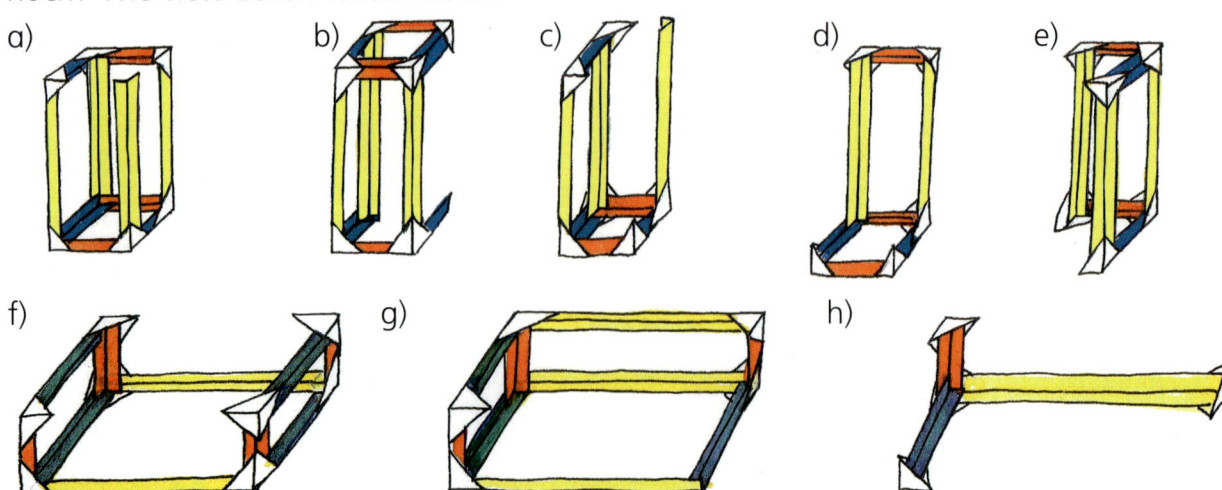

a)　　　b)　　　c)　　　d)　　　e)

f)　　　　　　g)　　　　　　h)

1 Sina beklebt die Seitenflächen. Welche Seitenflächen braucht sie? Wie viele davon?

_____ grüne Seitenflächen
_____ lila Seitenflächen
_____
zusammen _____ Seitenflächen

2 Die Quader sollen mit Seitenflächen beklebt werden. Schreibe auf wie in Aufgabe 1.

a) 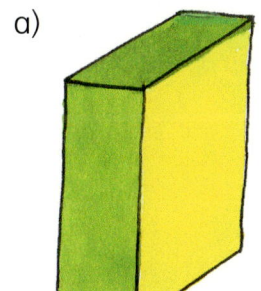 b) 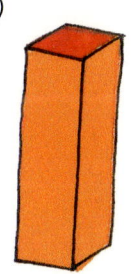 c)  d)

3 Aus welchen Kanten wurden die Quader gebaut?

a) 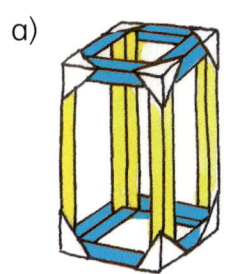 b)  c) 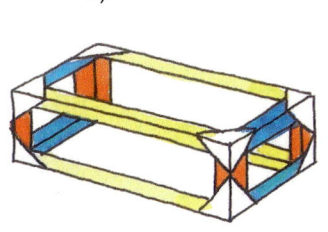 d) 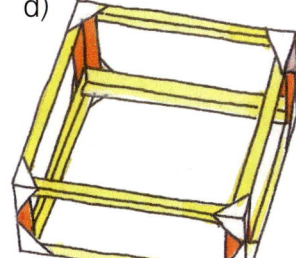 e)

4 Kaja hat nur blaue und lila Seitenflächen gebraucht. Wie viele von jeder Sorte?

5 Max möchte an seinem Quader möglichst viele grüne Seitenflächen haben. Wie viele braucht er? Welche Seitenflächen braucht er noch?

6 Timo möchte auf einen Quader gelbe und blaue Seitenflächen kleben. Lilo meint: „Das geht nicht." Was meinst du?

7 Ergänze die Sätze.

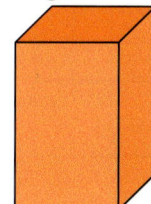

Das ist ein Quader.
Er hat ___ Ecken.
Er hat ___ Kanten.
Er hat ___ Seitenflächen

Das ist ein besonderer Quader.
Er hat ___ Ecken.
Er hat ___ Kanten.
Er hat ___ Seitenflächen,
ihre Form ist _____.

1

Lege immer vier Quadrate zu einem Vierling zusammen. Nachbar-Quadrate liegen mit einer Seite aneinander, nicht nur mit einer Ecke.

Das sind Vierlinge.

Das sind keine Vierlinge.

Wie viele Vierlinge findest du?

2 a) Zeichne und schneide die Vierlinge aus. Welche passen aufeinander?

b) Wie viele verschiedene Vierlinge findet ihr?

3 a) Von diesen Vierlingen sind immer drei gleich. Welche sind es?

b) Es gibt noch zwei weitere Vierlinge. Findest du sie?

4 Welcher Vierling passt?

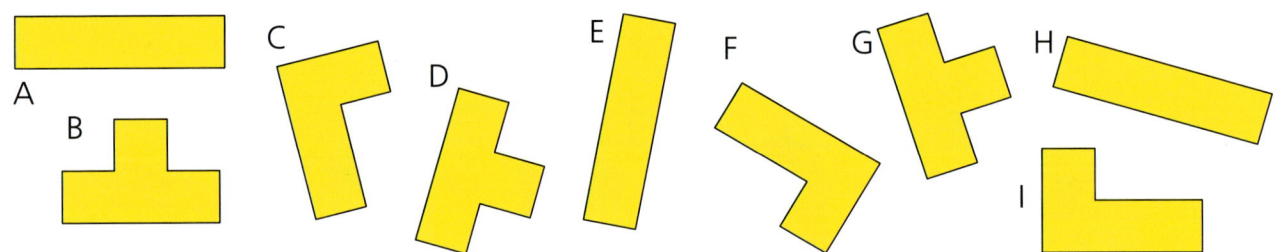

5 a) Lege das Rechteck ganz mit Vierlingen aus. Es gibt verschiedene Möglichkeiten.

b) Geht es auch mit lauter verschiedenen Vierlingen?

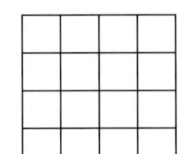

1 Aus einem Vierling kannst du Fünflinge machen.
Male immer ein Quadrat dazu.
Wie viele verschiedene Fünflinge findest du?

2 a) Mache auch aus den anderen Vierlingen Fünflinge.
b) Schneide deine Fünflinge aus.
Welche passen aufeinander?
c) Wie viele verschiedene Fünflinge findest du?

3 Es gibt 12 verschiedene Fünflinge. Hier sind zwei Fünflinge doppelt.

A   B   C   D   E   F   G

H   I   J   K   L   M   N

4 Lege die Rechtecke mit Fünflingen nach.

a)   b)   c)   d)

5 Hier fehlen Fünflinge. Welche sind es? Lege und zeichne.

a)   b)   c)

Es gibt
verschiedene
Möglichkeiten.

6 Zeichne das Rechteck auf Karopapier und lege es mit Fünflingen aus:

a) ein 6 · 5-Rechteck   b) ein 3 · 5-Rechteck   c) ein 7 · 5-Rechteck   d) ein 4 · 5-Rechteck

e) Kannst du mit allen Fünflingen ein Rechteck legen?

7 Aus manchen Fünflingen kann man eine Schachtel ohne Deckel falten.
Welche dieser Fünflinge kannst du zu einer Schachtel falten? Färbe den Boden.

A   B   C   D   E   F

8 Auch dieser Fünfling lässt sich zu einer Schachtel ohne Deckel falten.
Zeichne den Deckel ein. Es gibt mehrere Möglichkeiten.

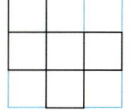

1 Aus einem Fünfling kannst du Sechslinge machen. Zeichne die beiden Fünflinge viermal in dein Heft. Male immer ein Quadrat dazu. Finde viele verschiedene Sechslinge.

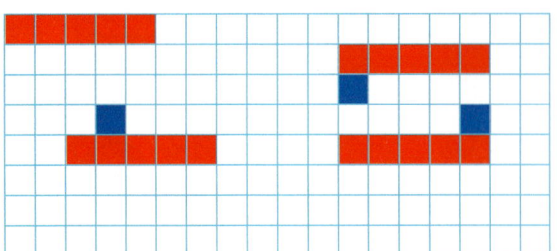
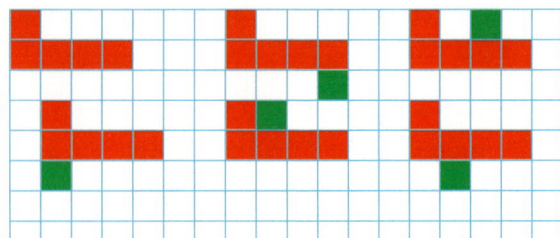

2 Finde Sechslinge aus anderen Fünflingen.

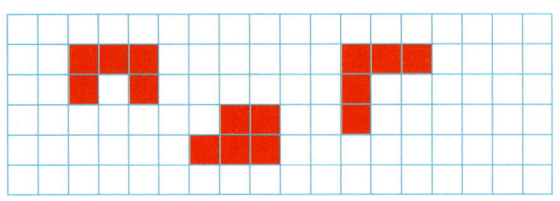

3 Manche Sechslinge lassen sich zu Würfeln falten. Solche Sechslinge werden Würfelnetze genannt.

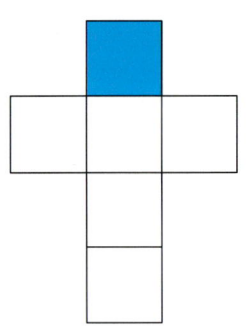
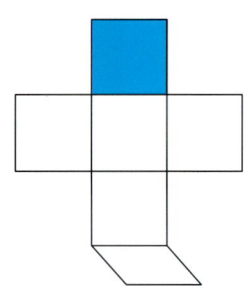
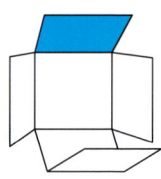
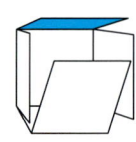

4 Zeichne viele verschiedene Würfelnetze. Schneide sie aus und falte daraus Würfel.

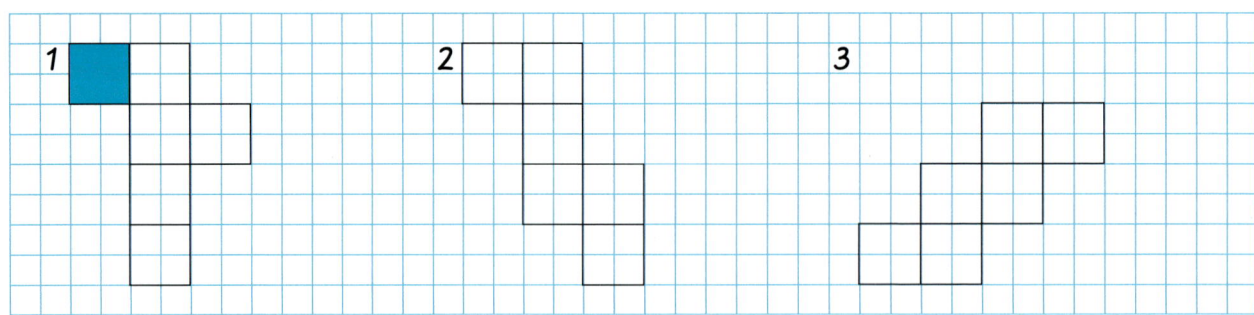

5 Das sind keine Würfelnetze. Falte in Gedanken. Welche Fläche ist doppelt? Welche Fläche fehlt?

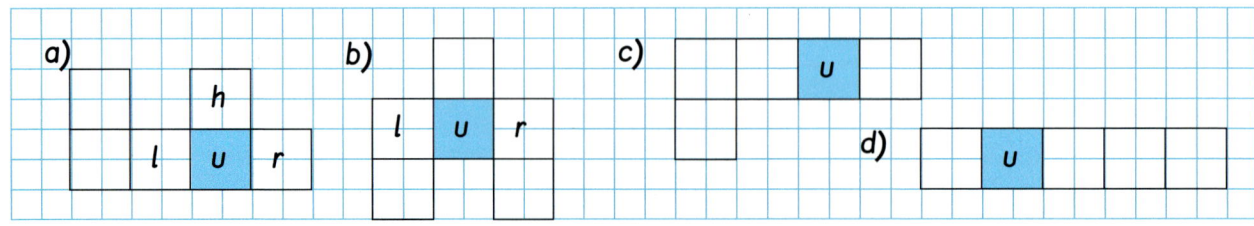

1 a) Stelle fest, wie groß die Summe der Augenzahlen der gegenüberliegenden Seiten auf einem Würfel ist.

b) In diesen Würfelnetzen sind schon einige Augenzahlen eingetragen. Zeichne die Würfelnetze in dein Heft. Trage die fehlenden Augenzahlen ein.

2 Zeichne die Würfelnetze in dein Heft. Falte in Gedanken die Netze zu einem Würfel. Eine Kante im Netz ist rot gefärbt. Mit welcher anderen Kante stößt diese zusammen? Färbe sie auch rot.

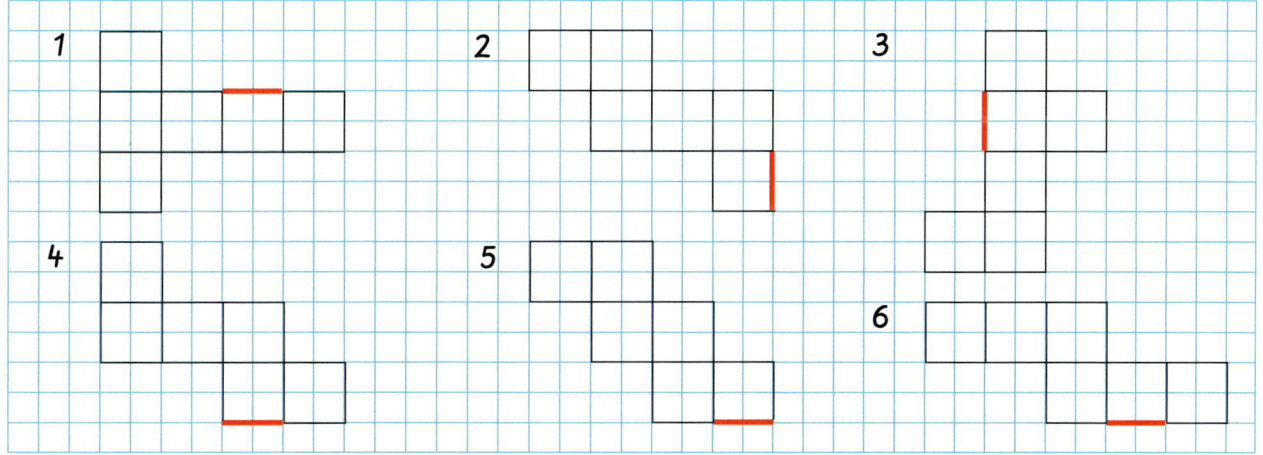

3 Hier sind die Ecken des Würfels nummeriert. Zeichne die Würfelnetze in dein Heft. Falte sie in Gedanken zu einem Würfel. Dann trage die Nummern der Ecken ein. Manche Nummern kommen zweimal vor, manche sogar dreimal.

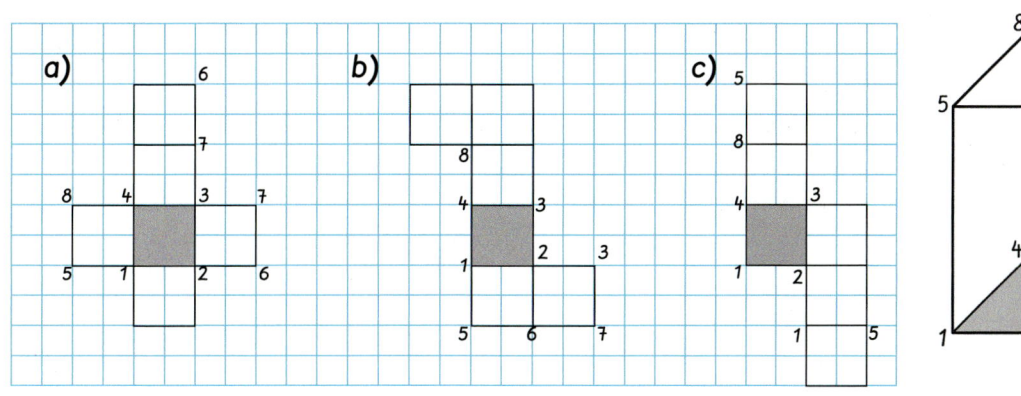
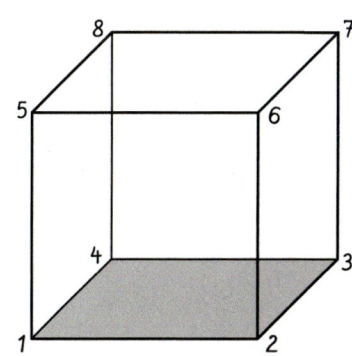

Meine große Schwester rechnet so.

Nina

5 10
6̶3̶5
− 352
283

Ich habe 635 € gespart. Wie viel Euro habe ich dann noch?

○352 €

Zuerst die 2 Euro weg, dann muss ich wechseln.

$635 - 352 = 283$
$635 - 300 = 335$
$335 - 50 = 285$
$285 - 2 = 283$

Mara

Artur

1 So rechnet Ninas große Schwester.

Zuerst die Einer, dann

$5 E - 2 E = 3 E$

die Zehner,

$3 Z - 5 Z$ geht nicht.

Vielleicht kann mir Robin helfen?

Ich komme!

Wechsle 1 Hunderter in 10 Zehner.

$13 Z - 5 Z = 8 Z$

dann die Hunderter.

Du hast nur noch 5 Hunderter.

$5 H - 3 H = 2 H$

$6 H - 1 H = 5 H$

Einführung in das schriftliche Subtrahieren durch Ergänzen und Erweitern auf Seite 132.

1

2

a) H Z E	b) H Z E	c) H Z E	d) H Z E	e) H Z E	f) H Z E
4 1 8	4 2 5	4 5 1	5 6 0	5 0 7	8 7 2
– 2 6 4	– 2 8 3	– 3 2 9	– 2 3 6	– 2 5 4	– 6 3 8
122	134	142	154	234	253	324

3

a) H Z E	b) H Z E	c) H Z E	d) H Z E	e) H Z E	f) H Z E
6 3 2	4 2 6	7 2 4	5 2 1	8 3 5	6 1 4
– 2 7 8	– 2 3 8	– 3 4 7	– 3 7 9	– 4 6 8	– 2 0 8
142	188	254	354	367	377	406

4 Schreibe stellengerecht: Einer unter Einer, Zehner unter Zehner, Hunderter unter Hunderter.

a) 684 – 291   b) 871 – 254   c) 933 – 745   d) 731 – 466   e) 941 – 683

5 Schreibe stellengerecht untereinander und subtrahiere schriftlich.

a)

752 463 671 – 375 264 234

b)

563 726 645 – 418 538 192

6

7 Rechne ebenso.

a) H Z E	b) H Z E	c) H Z E	d) H Z E	e) H Z E	f) H Z E
8 0 2	6 0 4	7 0 2	5 0 3	9 0 6	5 0 7
– 4 7 6	– 2 5 7	– 5 3 8	– 3 6 8	– 4 4 8	– 1 8 8
135	164	319	326	347	447	458

8 Achte auf die Nullen.

a) 708	b) 905	c) 727	d) 839	e) 604	f) 1000
– 473	– 469	– 508	– 403	– 88	– 474
219	235	335	436	436	516	526

1
a) 738 − 506	b) 856 − 326	c) 985 − 360	d) 437 − 117	e) 643 − 591	f) 875 − 794
g) 653 − 478	h) 746 − 96	i) 866 − 259	j) 754 − 448	k) 340 − 128	l) 450 − 136

52   81   175   212   232   306   314   320   406   530   607   625   650

2 Schreibe stellengerecht untereinander, dann rechne.

a) 736 − 523   b) 704 − 486   c) 723 − 528   d) 608 − 458   e) 555 − 258
f) 318 − 46   g) 298 − 159   h) 186 − 97   i) 219 − 76   j) 309 − 193

89   116   139   143   150   195   213   218   272   295   297

3
a) 7 ■ 5 − 2 3 ■ ■ 6 3	b) 9 8 ■ − 3 6 4 ■ ■ 3	c) ■ 1 7 − 3 ■ 3 1 7	d) 6 ■ ■ − ■ 8 2 2 4 7	e) ■ 7 ■ − 2 ■ 2 7 1 3	f) 5 ■ 3 − ■ 6 ■ 3 2 2

4 Kannst du auch schon mit Riesenzahlen rechnen?

a)   83452761943
    − 48374215683

b)   728435961657
    − 503761042853

c)   193695636458937
    − 89620140358912

d)   30275614833251
    − 15862075317695

5 a) Johanna hat 321 € gespart. Sie kauft
   eine Querflöte für 249 €.
   b) Später kauft Johanna noch
   einen Notenständer für 38 €.

6 a) Pavlos hat 350 €. Er kauft
   eine Geige für 297 €.
   b) Sein Freund Fabian hat 228 €.
   Er kauft ein gebrauchtes Keyboard
   für 185 €.

7 Sofie möchte eine Klarinette für 176 €
und ein Stimmgerät für 28 € kaufen.
Sie hat 200 € gespart. Hat sie genug Geld?

8 Bendix hat 170 € gespart.
Er kauft eine Trompete für 119 €
und zwei Musik-CDs für je 19 €.

9
a) 987 − 876 876 − 765 765 − 654	b) 210 − 12 321 − 123 432 − 234	c) 555 − 456 444 − 345 333 − 234	d) 432 − 333 543 − 444 654 − 555

10
a) 1001 − 779 1001 − 668 1001 − 557	b) 1001 − 234 1001 − 345 1001 − 456	c) 1001 − 244 1001 − 355 1001 − 466	d) 1001 − 866 1001 − 755 1001 − 644

9, **10** Starke Aufgaben: Gesetzmäßigkeit erkennen und Aufgabenfolge fortsetzen.

1 Vier Aufgaben sind falsch gerechnet. Findest du den Fehler? Rechne richtig.

a)
```
    7 6 4
  - 4 5 7
  ───────
    3 1 3
```

b)
```
    ³⁄4̶ 3 2    (3 10)
  - 2 4 5
  ───────
    1 9 7
```

c)
```
    6 5̶ 4    (4 10)
  - 2 0 6
  ───────
    4 4 8
```

d)
```
    5 8̶ 3    (7 10)
  - 1 6 7
  ───────
    4 1 7
```

e)
```
    7 5 2
  - 6 3 3
  ───────
    1 2 9
```

f)
```
    9̶ 4 7    (8 10)
  - 8 8 3
  ───────
      6 4
```

2 Zahline rechnet die Aufgabe und zur Probe die Umkehraufgabe. Rechne wie Zahline.

a)
```
   571
 - 153
 ─────
```

b)
```
   725
 - 218
 ─────
```

c)
```
   704
 - 531
 ─────
```

d)
```
   568
 - 196
 ─────
```

e)
```
   951
 - 673
 ─────
```

f)
```
   806
 - 772
 ─────
```

a)
```
    5 7̶ 1    (6 10)         P:    4 1 8
  - 1 5 3                       + 1 5 3
  ───────                       ───────¹
    4 1 8                         5 7 1
```

3 Vier Aufgaben sind falsch gerechnet. Rechne die Probe, um sie zu finden.
Rechne diese Aufgaben richtig.

a)
```
    8 8 4̶    (10)
  - 3 3 8
  ───────
    5 5 6
```

b)
```
    9̶ 2̶ 3    (8 10)
  - 6 0 9
  ───────
    2 1 4
```

c)
```
    4 7̶ 7    (6 10)
  - 3 0 9
  ───────
    1 6 9
```

d)
```
    7̶ 2 7    (6)
  - 2 7 3
  ───────
    4 5 4
```

e)
```
    8̶ 0 5    (7 10)
  - 4 3 2
  ───────
    3 7 3
```

f)
```
    6 4 5
  - 3 8 9
  ───────
    3 4 4
```

4 Welche Zahl ist es?

a) *Wenn du sie von 888 subtrahierst, erhältst du 666.*

b) *Wenn du sie zu 333 addierst, erhältst du 777.*

c) *Wenn du sie von 808 subtrahierst, erhältst du 427.*

d) *Wenn du das Doppelte der Zahl von 999 subtrahierst, erhältst du 555.*

e) *Wenn du das Doppelte der Zahl zu 444 addierst, erhältst du 666.*

f) *Wenn du das Doppelte der Zahl von 800 subtrahierst, erhältst du 550.*

1 Welche Aufgaben rechnest du im Kopf? Welche schriftlich?

im Kopf

Die kann ich im Kopf!

Die rechne ich lieber schriftlich.

schriftlich

600 − 299 = 301

750 − 320
834 − 609
561 − 125
712 − 467
540 − 99
813 − 401
346 − 83
500 − 211
703 − 357

708 − 249

708
− 249
_____

2

363 − 199 = ___

363 − 200, dann plus 1.

364 - 200

a) 363 − 199   b) 926 − 399
   475 − 299   780 − 599
   831 − 399   438 − 199
c) 799 − 450   d) 401 − 298
   699 − 210   508 − 498
   299 − 170   983 − 698

3

801 − 798 = ___

801 − __ = 798   798 + __ = 801

a) 801 − 798   b) 528 − 208
   569 − 409   604 − 598
   783 − 309   781 − 408
c) 508 − 497   d) 388 − 290
   679 − 450   478 − 290
   869 − 620   603 − 599

4 Im Kopf oder schriftlich? Wie geht es schneller? Entscheide bei jeder Aufgabe neu.
Alle Ergebnisse haben die Quersumme 15.

a) 1000 − 40   b) 700 − 145   c) 682 − 505   d) 954 − 687   e) 1000 − 130
   940 − 70   930 − 150   502 − 307   777 − 222   1000 − 742
   614 − 59   729 − 120   755 − 101   874 − 499   1000 − 436

5 a) Subtrahiere 473 von 895. Addiere zur Differenz noch 22.

b) Subtrahiere 277 von 819. Addiere zur Differenz noch 75 und 49.

c) Subtrahiere 573 von 610. Multipliziere die Differenz mit 9.

d) Subtrahiere 860 von 934. Multipliziere die Differenz mit 3.

6 Wie heißt die Zahl?

a) *Wenn du 75 und 370 zu der Zahl addierst, erhältst du 1000.*

b) *Wenn du die Differenz von 800 und 577 zu der Zahl addierst, erhältst du 1000.*

c) *Wenn du 388 von der Zahl subtrahierst und die Differenz verdoppelst, erhältst du 1000.*

1

2 Rechnet in Kleingruppen. Ein Kind wählt die Aufgabe und rechnet wie Mia.
Die anderen Kinder schreiben einen Überschlag auf. Vergleicht die Überschläge.

a) 386 – 149   b) 547 – 189   c) 684 – 112   d) 607 – 445   e) 721 – 387

3 Vergleiche die Überschläge. Wer hat wohl besser geschätzt? Rechne dann schriftlich.

a)
567 – 189

b)
871 – 438

Paul	Jule	Benita	Paul	Jule	Benita
500 – 100	550 – 200	600 – 200	800 – 400	900 – 450	900 – 400

4 Überschlage zuerst. Dann rechne genau.

a) 607 – 394   b) 487 – 378   c) 949 – 294
   589 – 104   594 – 269   652 – 103
   912 – 785   982 – 586   756 – 249
   814 – 589   678 – 487   841 – 657

109   127   184   191   213   225   325   396   485   491   507   549   655

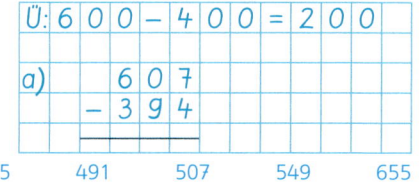

5 Minus-Aufgaben mit der Zahlenleine.

79   153   208   387   554   732   811   996

Wähle zwei Zahlen und bilde die Differenz.

a) Differenz kleiner als 200.
   Es gibt acht Aufgaben.
   55   74   79   129   167   178   179   185

b) Differenz größer als 700.
   Es gibt vier Aufgaben.
   732   788   843   917

c) Differenz zwischen
   400 und 500.
   Es gibt vier Aufgaben.
   401   424   442   475

Rechnen mit Geld

Springseil	Indiaca	Softball	Diabolo	Federballspiel
		Stück		
4,35 Euro	**3,79 Euro**	**4,95 Euro**	**8,99 Euro**	**7,69 Euro**

1 Lara kauft ein Indiaca. Sie hat 7,50 € gespart.
Wie viel Geld hat sie dann noch? Rechne im Kopf oder schriftlich.

```
        4 10
    7, 5 0 €
 -  3, 7 9 €
 ‾‾‾‾‾‾‾‾‾‾
       , 1 €
```

2 Jakob kauft ein Diabolo. Er bezahlt mit einem 10-€-Schein.
Wie viel Geld bekommt er zurück?

3 Sinan hat 12 € Taschengeld gespart. Er kauft ein Federballspiel.
Wie viel Taschengeld hat Sinan nun noch?

4 Wie viel Taschengeld haben die Kinder nach ihrem Einkauf noch?

a) Elias:

Gespart: 7 €
Gekauft: ein Indiaca

b) Maria:

Gespart: 18 €
Gekauft: ein Springseil

c) Alexander:

Gespart: 13,50 €
Gekauft: ein Softball

5 Im Kopf oder schriftlich?

a) 9,00 € – 7,99 €
   8,45 € – 5,69 €
   7,80 € – 7,20 €

b) 15,75 € – 5,05 €
   21,00 € – 4,80 €
   17,23 € – 3,85 €

c) 25,35 € – 22,35 €
   16,79 € – 10,09 €
   22,95 € – 14,79 €

0,60 €   1,01 €   2,76 €   3,00 €   6,70 €   8,16 €   10,70 €   12,10 €   13,38 €   16,20 €

6 Die drei Ergebnisse in einem Päckchen ergeben zusammen 10 €.

a) 9,85 € – 5,75 €
   9,99 € – 4,86 €
   5,51 € – 4,74 €

b) 13,84 € – 9,89 €
   10,00 € – 8,75 €
   11,95 € – 7,15 €

c) 20 € – 16,85 €
   15 € – 11,78 €
   18 € – 14,37 €

d) 20 € – 13,69 €
   12 € – 9,15 €
   25 € – 24,16 €

7 a) Hannah wünscht sich ein Springseil und ein Indiaca.
   Wie teuer ist beides zusammen?
b) Hannah bezahlt mit einem 10-€-Schein. Wie viel Geld
   bekommt sie zurück?

```
a)                    b)
      4, 3 5 €            1 0, 0 0 €
 +    3, 7 9 €       -      8, 1 4 €
 ‾‾‾‾‾‾‾‾‾‾         ‾‾‾‾‾‾‾‾‾‾
      8, 1 4 €             ,     €
```

8 Wie viel Taschengeld haben die Kinder nach ihrem Einkauf noch?

a) Charlotte:

Gespart: 17 €
Gekauft: ein Softball
und ein Federballspiel

b) Felix:

Gespart: 24 €
Gekauft: ein Indiaca
und ein Diabolo

c) Nina:

Gespart: 26,70 €
Gekauft: zwei Diabolos
und zwei Springseile

1 Zahline sucht auf der Tafel zu ihrer Zahl 297 die Spiegelzahl.

a) Welche Zahl ist es?
   Woran erkennst du sie?

b) Immer zwei Zahlen auf der Tafel sind Spiegelzahlen.
   Schreibe die Zahlenpaare auf.

902	572	792
852	209	791
197	258	275

2 Lege mit den Ziffernkarten [4], [5] und [9] verschiedene dreistellige Zahlen.

a) Wie viele verschiedene Zahlen findest du? Schreibe sie auf.

b) Ordne die Zahlen nach der Größe. Beginne mit der größten Zahl.

c) Welche Zahlen sind Spiegelzahlen? Schreibe die Zahlenpaare auf.

3 Wähle selbst drei verschiedene Ziffernkarten. Arbeite wie in Aufgabe 2.
Was fällt dir auf?

Es gibt immer ___ verschiedene Zahlen.
Es gibt immer ___ Paare, die Spiegelzahlen sind.

4 a) Zahlix hat die Ziffernkarten [7], [5] und [4] gewählt. Er legt damit die größte Zahl und rechnet.

Größte Zahl minus Spiegelzahl

```
  754        972        963
- 457      - 279      - 369
─────      ─────      ─────
  297        693
```

b) Rechne immer mit den Ziffern der Differenz weiter: Größte Zahl minus Spiegelzahl.
   Rechne so lange, bis sich die Rechnung in dem Wagen wiederholt.
   Wie viele verschiedene Wagen kannst du anhängen?

5 Starte mit diesen Ziffernkarten. Wie viele verschiedene Wagen kannst du anhängen?

a) [3] [5] [8]   b) [2] [9] [5]   c) [2] [1] [5]   d) [1] [8] [9]

6 Wähle selbst drei Ziffernkarten. Wie viele verschiedene Wagen kannst du anhängen?

7 Untersuche die Minus-Züge.
Du kannst zwei Entdeckungen machen.

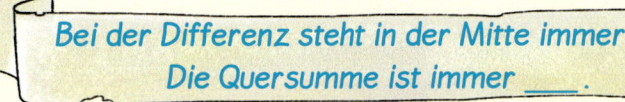

Bei der Differenz steht in der Mitte immer ___.
Die Quersumme ist immer ___.

8 Die Minus-Züge können verschieden lang sein.

a) Findest du einen Minus-Zug mit nur einem Wagen?

b) Findest du einen Zug mit fünf verschiedenen Wagen?

1
a) 534   b) 748   c) 968   d) 775
   − 212   − 325   − 405   − 103

e) 853   f) 560   g) 620   h) 635
   − 326   − 234   − 87   − 228

322   326   407   423   443   527   533   563   672

2 Addiere die drei Ergebnisse.
Du erhältst immer 1000.

a) 634 − 258   b) 965 − 587   c) 745 − 287
   746 − 348   847 − 369   513 − 359
   843 − 617   325 − 181   614 − 226

3 a) *Subtrahiere 369 von 874.*   b) *Subtrahiere 578 von 881.*

4
a) ■ 3 ■   b) 7 ■ 2   c) ■ 5 1
  − 2 ■ 2   − ■ 4 ■   − 3 ■ 4
  ───────   ───────   ───────
    3 6 2   4 3 5   2 6 ■

d) ■ 8 ■   e) 6 ■ 3   f) ■ 2 6
  − 5 ■ 7   − 2 5 ■   − 2 1 ■
  ───────   ───────   ───────
    2 4 6   ■ 4 8   3 ■ 7

5 Im Kopf oder schriftlich?

a) 800 − 630   b) 1000 − 350
   800 − 507   1000 − 428
   800 − 587   953 − 300
   743 − 500   917 − 403
   743 − 605   760 − 76

138 170 213 243 293 514 550 572 650 653 684

6 a)

| 1000 | 870 | 699 | − | 300 | 450 | 501 |

198 210 249 369 399 420 499 550 570 700

b)

| 794 | 912 | 804 | − | 299 | 407 | 687 |

107 117 225 387 397 495 505 505 515 613

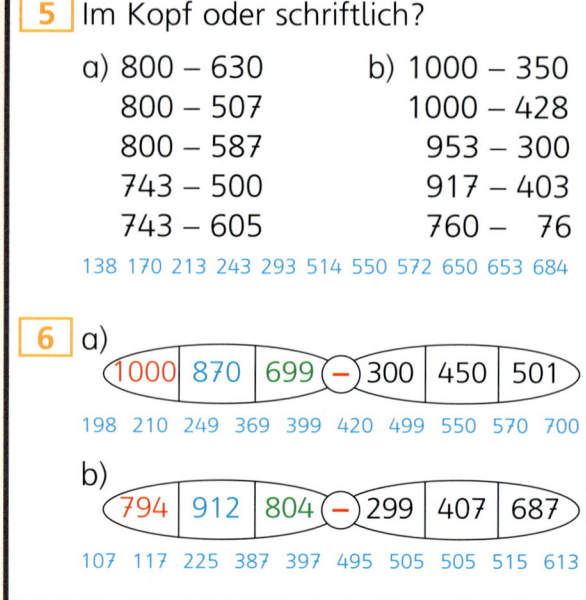

7 a) Jonas bekommt zum Geburtstag 165 €. Er kauft eine Schreibtischlampe für 128 €.
Wie viel Geld hat er dann noch?

b) Hannah hat 327 € auf ihrem Sparbuch. Sie kauft ein Bücherregal für 159 €.

8 a) 5 € − 2,49 €   b) 5 € − 0,96 €   c) 2 € − 0,89 €   d) 8 € − 1,10 €
     7 € − 3,46 €   9 € − 4,96 €   6 € − 2,08 €   8 € − 0,90 €

1,11 €   2,51 €   3,54 €   3,92 €   4,04 €   4,04 €   4,96 €   6,90 €   7,10 €

9 a) 10 € − 4,99 €   b) 15 € − 9,89 €   c) 20 € − 18,99 €   d) 30 € − 14,99 €
     15 € − 2,49 €   20 € − 14,96 €   50 € − 29,90 €   50 € − 19,99 €

1,01 €   1,11 €   5,01 €   5,04 €   5,11 €   12,51 €   15,01 €   20,10 €   30,01 €

10 Leonie hat 10 €.
Sie kauft im Supermarkt Waren
zu folgenden Preisen ein:

| 1,98 € | 2,39 € | 2,49 € | 2,97 € |

Bevor sie zur Kasse geht, überschlägt sie
die Summe.

a) Reicht das Geld?

b) Wie viel Geld bekommt sie zurück?

11 Philipp hat 15 €.
Er kauft im Supermarkt Waren
zu folgenden Preisen ein:

| 4,05 € | 1,29 € | 6,99 € | 1,95 € |

Bevor er zur Kasse geht, überschlägt er
die Summe.

a) Reicht das Geld?

b) Wie viel Geld bekommt er zurück?

1
a) 345
    + 233
    _499_

b) 455
    + 143
    _549_

c) 253
    + 246
    _578_

d) 247
    + 302
    _598_

e) 421
    + 339
    _678_

f) 503
    + 248
    _751_

g) 378
    + 493
    _760_   _871_

2 Schreibe untereinander. Dann addiere schriftlich.

a) 58 + 364   b) 289 + 456   c) 179 + 204 + 316   d) 152 + 84 + 552

3 Im Kopf oder schriftlich? Entscheide bei jeder Aufgabe neu.
Alle Ergebnisse haben die Quersumme 12.

a) 699 + 123
   169 + 383
   303 + 303

b) 176 + 628
   570 + 333
   177 + 267

c) 202 + 177 + 146
   561 + 116 + 127
   101 + 150 + 499

d) 200 + 302 + 50
   128 + 325 + 99
   500 + 154 +   6

4
a) *Addiere 221 und 564.*
b) *Addiere 326, 150 und 109.*
c) *Berechne das Doppelte von 393.*
d) *Berechne das Doppelte von 278.*

5
a)   3 5 1
   + 1 2 ▨
   ▨ ▨ 4

b)   4 5 ▨
   + 1 ▨ 4
   ▨ 6 9

c)   ▨ 8 0
   + 5 7 ▨
   7 ▨ 3

d)   2 ▨ 7
     2 9 3
   + 2 3 ▨
   ▨ 7 7

e)   9 4 ▨
     3 1 ▨
   + ▨ 5 6
   6 ▨ 6

f)   1 0 9
     ▨ ▨ 9
   + 1 0 5
   3 3 ▨

6 Welche Einheit passt?

mm	cm	m	km	g	kg	s	min	h

a) Tobias übt 30 ___ lang Flöte.
b) Ein Briefumschlag wiegt ungefähr 10___ .
c) Marias Daumen ist 1 ___ breit.
d) Die Tür des Klassenzimmers ist 2 ___ hoch.
e) Vater wiegt 40 ___ mehr als Lukas.
f) Toms Fußball-Training dauert $1\frac{1}{2}$ ___ .
g) Sarah kann die 6er-Reihe in 10 ___ aufsagen.
h) Eine Fliege ist ungefähr 11 ___ groß.
i) Die Fahrradtour war 15 ___ lang.

7 Schreibe als Kommazahl. Ordne. Beginne mit der größten Länge.

150 cm	1 m 5 cm	2m 40 cm

24 cm	17 m	1 m 75 cm

8

1. Figur   **2. Figur**   **3. Figur**

a) Wie viele rote Plättchen brauchst du für die 4. Figur, die 5. Figur?
b) Bestimme die Anzahl der roten Plättchen für die 7. Figur, ohne zu zeichnen.

9

1. Figur   **2. Figur**

a) Wie viele blaue Plättchen brauchst du für die 3. Figur, die 4. Figur?
b) Bestimme die Anzahl der blauen Plättchen für die 6. Figur, ohne zu zeichnen.

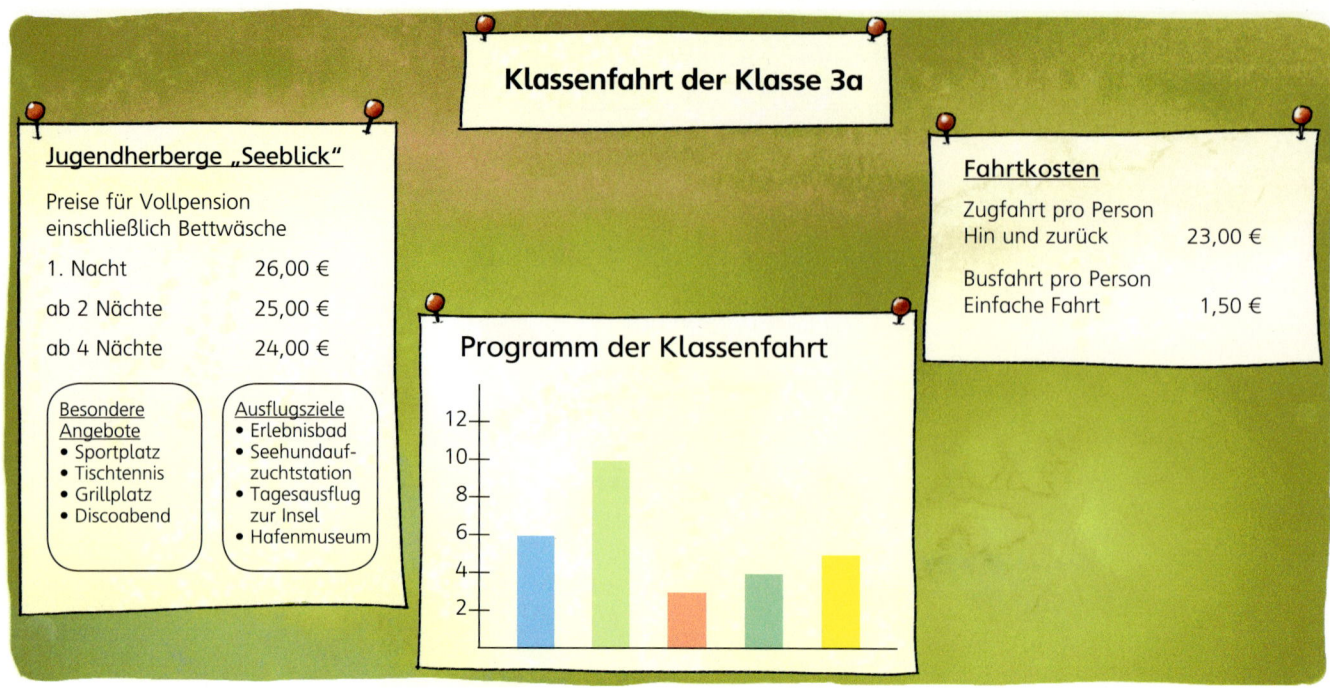

1 Die Kinder stimmen über das Programm der Klassenfahrt ab. Jedes Kind darf einmal wählen. Notiere die Anzahlen. Wie viele Kinder sind in der Klasse 3a?

a) Die meisten Kinder wählen das Erlebnisbad.

b) Halb so viele Kinder möchten Fußball spielen.

c) Die wenigsten Kinder wählen das Hafenmuseum.

d) Für den Besuch der Seehundaufzuchtstation entscheiden sich zwei Kinder mehr als für die Fahrt zur Insel.

2 Die Kinder wollen die Kosten für die Fahrt mit dem Zug berechnen.

Personen	1	10
Fahrtkosten		

a) Wie teuer ist die Fahrt hin und zurück? Denke an die Kosten für den Bus.

b) Wie hoch sind die Kosten für die Kinder und die beiden Lehrerinnen?

3 Die Klasse könnte auch mit dem Bus zur Jugendherberge fahren. Vergleiche das Angebot mit den Kosten für die Fahrt mit dem Zug.

Sauser-Reisen
Angebot:
Hin- und Rückfahrt zur Jugendherberge „Seeblick"   **840,00 €**

4 Die Klasse 3a fährt drei Tage, von Montag bis Mittwoch, in die Jugendherberge. Die Klasse entscheidet sich für die Fahrt mit dem Zug. Für Eintritt und sonstige Kosten sammelt die Lehrerin 20 € ein. Wie viel Euro muss jedes Kind für die Fahrt bezahlen?

Kosten

2 Übernachtungen	____ €
Fahrtkosten	____ €
Eintrittspreise/Sonstiges	____ €
SUMME	____ €

5 Wie viel Euro müsste jedes Kind für die Übernachtungen bezahlen, wenn die Klasse von Montag bis Freitag fahren würde?

1 Kannst du alle Fragen beantworten?

a) *An welchem Tag gehen wir schwimmen?*
Alexander

b) *Wann findet die Disco statt?*
Felix

c) *Um wie viel Uhr beginnt die Nachtruhe?*
Nina

d) *Wann sollen wir aufstehen?*
Charlotte

e) *Wie viele Stunden sind wir insgesamt da?*
Kaja

2 a) Wie lange dauert der Spieleabend?

b) Wie viel Zeit haben die Kinder in der Seehundaufzuchtstation bis zur Vorführung?

c) Wie lange dauert der Discoabend?

d) Wie viele Stunden sind es von der Ankunft bis zur Abfahrt?

Erlebnisbad

Öffnungszeiten:
Mo, Mi, Fr.:   10.00 – 17.00 Uhr
Di, Do: 9.00 – 20.00 Uhr
Sa, So: 10.00 – 21.00 Uhr

Kinder/Jugendliche   3 Std.   8,00 €
Erwachsene   3 Std.   16,00 €

Angebot für Schulklassen:
Bei Gruppen ab 20 Kindern zahlen alle nur die
Hälfte des normalen Preises, Betreuerinnen frei.

Seehundaufzuchtstation

Öffnungszeiten:
Di bis Fr: 9.00 – 18.00 Uhr
Sa und So: 10.00 – 19.00 Uhr

Kinder bis 18 Jahre   3,00 €
Erwachsene   5,00 €

Gruppen (ab 15 Personen)   4,00 € Erwachsene
                            2,00 € Kinder

Vorführungen: Täglich um 10.15 Uhr
                und 15.30 Uhr

3 a) Wie teuer ist der Eintritt für ein Kind im Erlebnisbad und in der
Seehundaufzuchtstation?

b) Wie viel Euro Eintritt muss die Lehrerin an der Kasse der Seehundaufzuchtstation für
alle Kinder der Klasse und die beiden Lehrerinnen bezahlen?

4 Die Lehrerin sagt: „Für den Weg zur Seehundaufzuchtstation brauchen wir eine
Viertelstunde." Wann gehen sie los?

1 14 Mädchen möchten in der Jugendherberge übernachten. Es sind sechs Dreierzimmer und sechs Zweierzimmer frei.
Kein Bett im Zimmer darf frei bleiben.

a) Wie können sich die 14 Mädchen verteilen? Gib eine Lösung an. Eine Skizze kann dir helfen.

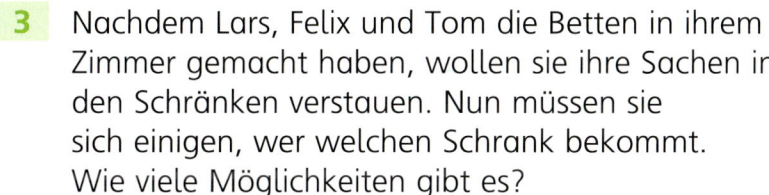

b) Es gibt noch eine Lösung. Finde sie.

2 In der Jugendherberge möchten 17 Jungen übernachten. Es sind fünf Dreierzimmer, sechs Zweierzimmer und zusätzlich noch drei Viererzimmer frei. Kein Bett im Zimmer darf frei bleiben.

a) Jannis sagt: „Wir brauchen in jedem Fall ein Dreierzimmer." Wie kommt er darauf?

b) Kai meint: „Wir brauchen auch in jedem Fall ein Zweierzimmer." Stimmt das?

c) Es gibt sieben verschiedene Möglichkeiten, die Jungen unterzubringen. Findest du alle Möglichkeiten?

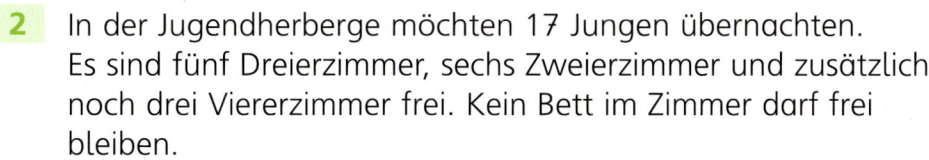

3 Nachdem Lars, Felix und Tom die Betten in ihrem Zimmer gemacht haben, wollen sie ihre Sachen in den Schränken verstauen. Nun müssen sie sich einigen, wer welchen Schrank bekommt. Wie viele Möglichkeiten gibt es?

Lars, Felix, Tom
Lars, Tom, Felix
Felix, ...

4 In ihrer Freizeit spielen Anna und Lisa gegen Lars, Felix und Tom Tischtennis, jedes Mädchen gegen jeden Jungen. Schreibe alle Möglichkeiten auf. Wie viele Spiele gibt es?

Anna   Lisa

Lars   Felix   Tom

5 Nun spielen sie „Jeder gegen jeden".
Wie viele Spiele gibt es?

6 Später veranstalten sie noch ein Turnier „Jungen gegen Mädchen".
Insgesamt gibt es 12 Spiele. Wie viele Jungen und wie viele Mädchen spielen mit?
Es gibt sechs Möglichkeiten.

1 Wie oft hat jedes Kind gewürfelt?

2 Ralf hat für seine Ergebnisse ein Schaubild gezeichnet. Erkläre.

3 Zeichne für Ari, Sarah und Tina Schaubilder.

4 Hier sind alle Ergebnisse eingetragen. Prüfe nach.

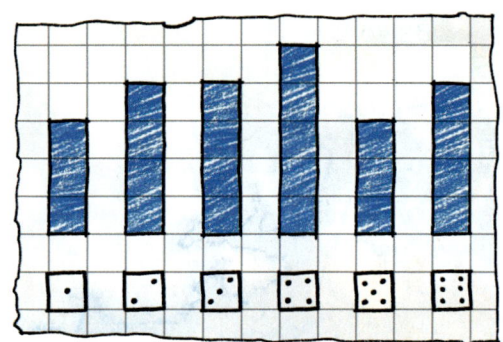

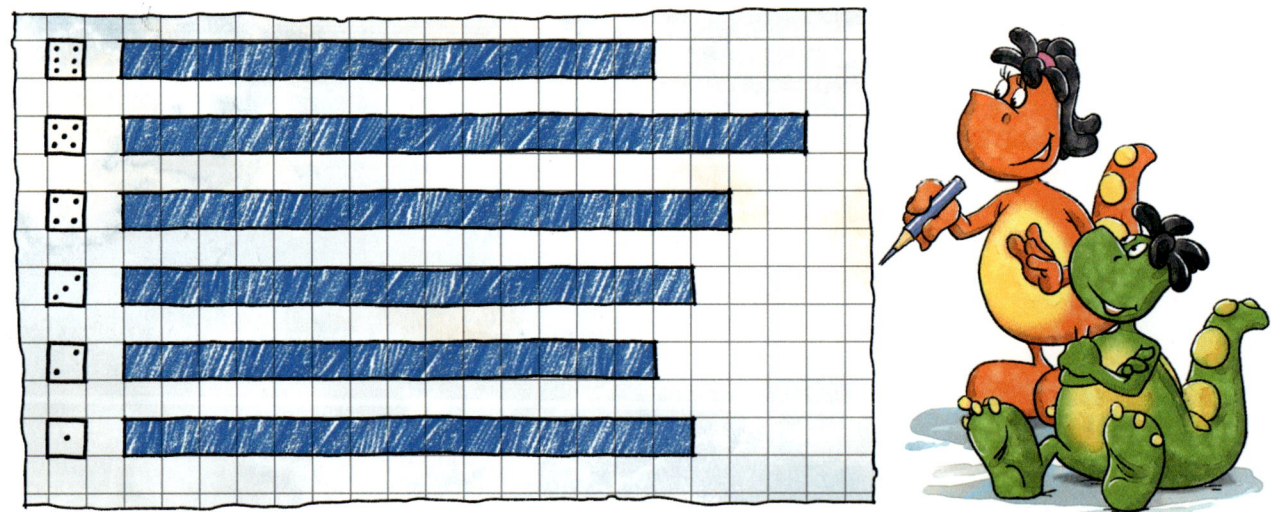

5 Die Kinder der dritten Klassen haben alle mit einem Würfel gewürfelt und ihre Ergebnisse in eine Tabelle eingetragen.
a) Übertrage die Tabelle in dein Heft und rechne aus, wie oft die 1, die 2 … gewürfelt worden ist.
b) Was stellst du fest?
c) Peter sagt: „Alle Augenzahlen sind gleich wahrscheinlich."
Stimmt das?

	•	••	•••	••••	•••••	••••••
3a	32	34	31	35	33	35
3b	35	29	36	37	35	28
3c	34	35	30	30	32	39
Summe						

1 Führt das Spiel in der Klasse durch. Ein Kind übernimmt die Ereigniskarte von Katja, das andere die von Kai. Was glaubst du, wer gewinnt, Katja oder Kai?

2 Bei welchen Würfelereignissen gewinnt diese Karte? Schreibe die Möglichkeiten auf.

> Augenzahl ungerade

3 Ein neues Spiel mit anderen Ereigniskarten. Spielt dieses Spiel. Was glaubst du, mit welcher Karte die Gewinnchancen am größten sind?

a) Karte 1 oder Karte 2   b) Karte 3 oder Karte 4   c) Karte 2 oder Karte 4

Karte 1 Augenzahl 4	**Karte 2** Augenzahl kleiner als 4	**Karte 3** Augenzahl gerade	**Karte 4** Augenzahl größer als 4

4 Am Glücksrad gewinnt, wer auf das gelbe Feld kommt. Zahlix möchte gewinnen. Er überlegt, zu welchem Glücksrad er gehen soll.

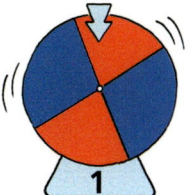    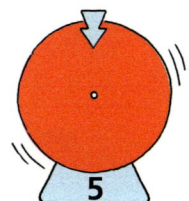

5 a) Rot gewinnt. Zu welchem Glücksrad gehst du?

b) Blau gewinnt. Zu welchem Glücksrad gehst du?

6 Du nimmst mit geschlossenen Augen Murmeln aus dem Beutel.

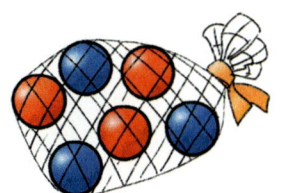

Überlege immer: Ist es sicher, möglich oder unmöglich?

a) Nimm zwei Murmeln. Beide Murmeln sollen dieselbe Farbe haben.

b) Nimm vier Murmeln. Alle vier sollten dieselbe Farbe haben.

c) Nimm vier Murmeln. Es sollen verschiedene Farben dabei sein.

1 Im Grundriss schaust du von oben auf die Dinge. Welche Dinge aus dem Foto erkennst du im Grundriss wieder? Tafel, Fenster, Dreiertische, Vierertisch, Sechsertisch, ...

2 Welche Dinge fehlen im Grundriss? Welche fehlen im Foto? Warum?

3 Schau genau! Wer sitzt

a) links von Peter,   b) rechts von Mia,   c) gegenüber von Lilo?

4 Schau genau!

a) An einem Dreiertisch sitzt ein Mädchen gegenüber einem Jungen.
   Wie heißen die beiden?

b) Wer sitzt an einem Dreiertisch zwei Jungen gegenüber?

c) Am Vierertisch hat ein Mädchen eine rechte Nachbarin. Welches Mädchen ist es?

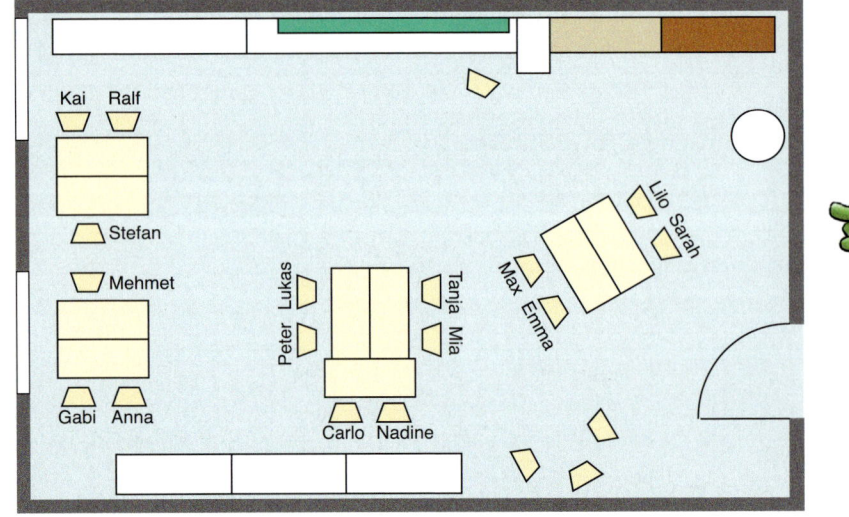

Das ist ein Grundriss.

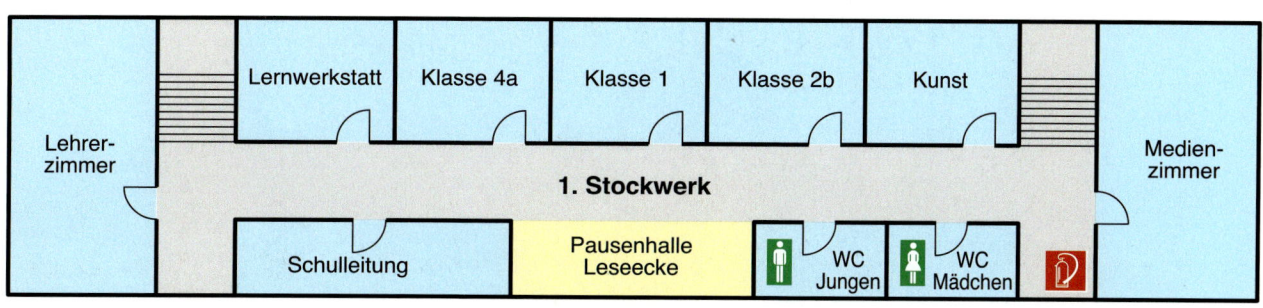

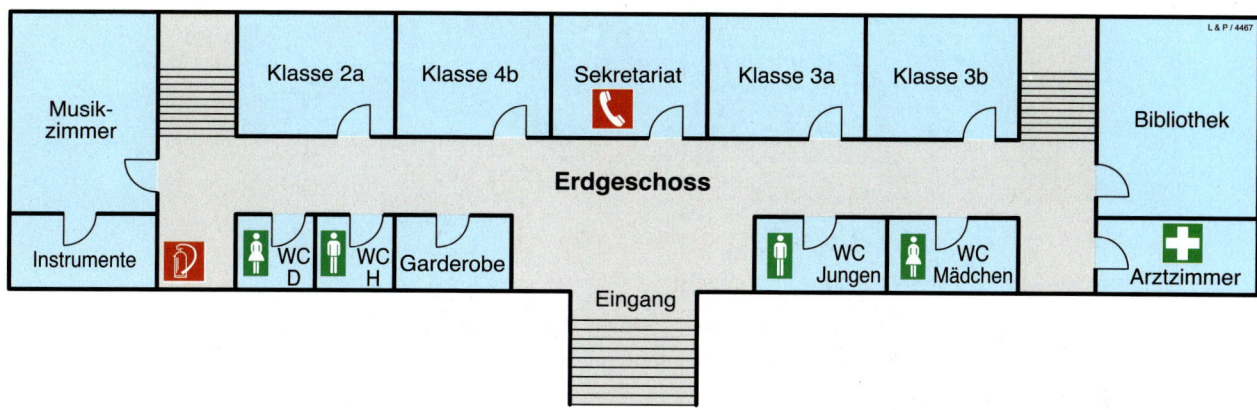

1 Welche Räume befinden sich im Erdgeschoss und welche im 1. Stockwerk der Schule?

2 Wo findest du die Symbole im Erdgeschoss oder im 1. Stockwerk? Was bedeuten sie?

a) 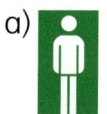 b)  c)  d)  e)

3 Wahr oder falsch?

a) Das Sekretariat befindet sich gegenüber dem Eingang im Erdgeschoss.

b) Die Bibliothek befindet sich unter dem Medienzimmer.

c) Annalena geht von der Leseecke nach links zum Lehrerzimmer.

d) Die Klasse 4b wechselt in das Medienzimmer. Sie kommt an der Schulleitung und der Klasse 3b vorbei.

e) Alex aus der Klasse 2a geht nach links zum WC der Jungen.

f) Franca aus der Klasse 3a möchte in die Leseecke im 1. Stockwerk. Sie geht auf dem Gang nach links, dann links die Treppe hinauf. Oben wendet sie sich nach rechts und geht den Gang geradeaus bis zur Pausenhalle auf der linken Seite.

4 Finde die Klasse.

a) *Meine Klasse hat den kürzesten Weg zur Bibliothek.*

b)  *Ich gehe aus dem Kunstraum nach links die Treppe hinunter, dann nach rechts den Gang geradeaus. Hinter der zweiten Tür ist meine Klasse.*

5 Beschreibe die Wege

a) vom Eingang zur Bibliothek,

b) von der Lernwerkstatt zur Klasse 3b,

c) von der Klasse 2b zum Kunstraum,

d) von der Klasse 4a zum Arztzimmer.

6 Denkt euch ähnliche Aufgaben für eure Schule aus.

© Sonnenlandpark – Erlebnis- und Freizeitpark Lichtenau

15 Parkbahn „Anton"	22 Nautic-Jet	29 Kinderquadstrecke
16 Komet	23 Skydive	30 Rosenhügel
17 Ferngesteuerte Boote	24 Ferngesteuerte Trucks	31 Mongolische Jurten
18 Mini-Dampfer	25 Fuchsbau	32 Waldimbiss/Seeterrasse
19 Grillstellen	26 Mini- und Profibagger	33 Buddel- und Matschbereich
20 Schlauchrutschparadies	27 Kettcar-Parcour	34 Miniflöße
21 Butterfly	28 Kletterleuchtturm	35 Sandstrand mit Strandkörben

36 Beachvolleyballplatz	43 Jägerklause
37 Kletterparadies	44 Irrgarten
38 Hüpfkissen	45 Mufflonfreigehege
39 Spielplatz	46 Sikahirschfreigehege
40 Pit-Pat-Anlage	47 Riesenrad
41 Eingänge zum Wildfreigehege	48 Grünes Klassenzimmer am Biotop
42 Streichelgehege	49 Bienenschaukasten

1 Der Plan des Freizeitparks ist in Quadrate eingeteilt. Jedes Quadrat hat einen Namen.
Die Haltestelle der Parkbahn „Anton" liegt im Quadrat A3.
Was befindet sich in den Quadraten A3, C2, E2, C4, D5 und D1? ⟨A 3 – ⑮ Parkbahn „Anton",⟩

2 Suche dir zehn Attraktionen und schreibe das Quadrat auf. ⟨⑱ Mini-Dampfer – A 4,⟩

3 In welchen Quadraten befinden sich a) der Waldimbiss, b) die Toiletten, c) Grillstellen?

4 Gehe von der Parkbahn zum Kletterleuchtturm (D4). Wähle einen Weg.
An welchen Attraktionen kommst du vorbei?

5 Wähle andere Wege und beschreibe sie deiner Partnerin.

1 a) Welches Gebäude passt zu welchem Plan?

b) Zeichne zu dem übrig gebliebenen Gebäude selbst einen Plan.

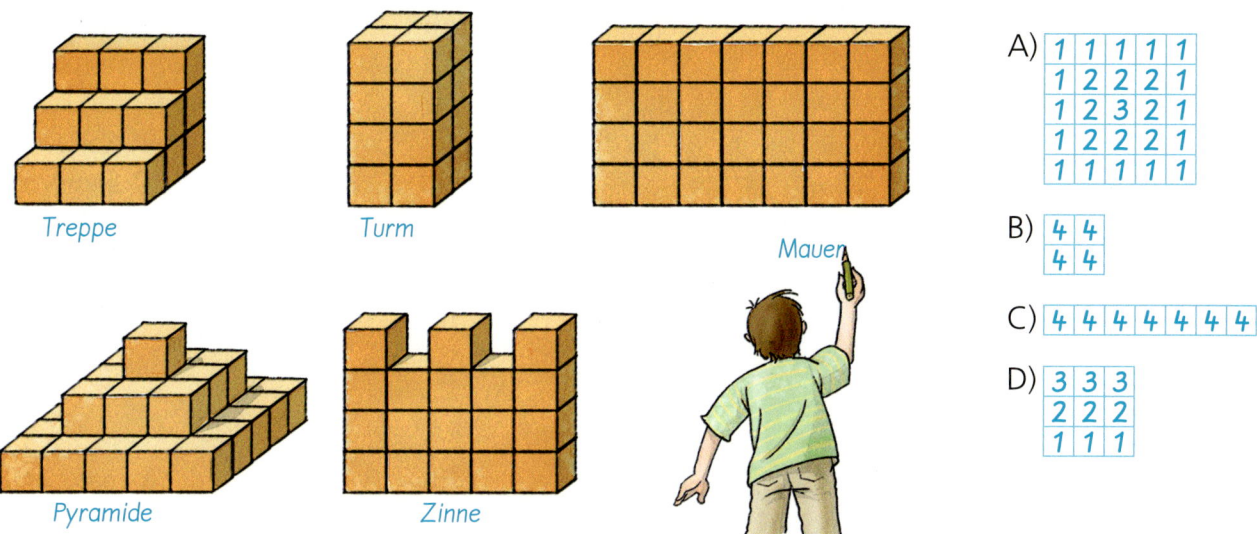

Treppe   Turm   Mauer

Pyramide   Zinne

A)
1	1	1	1	1
1	2	2	2	1
1	2	3	2	1
1	2	2	2	1
1	1	1	1	1

B)
4	4
4	4

C)
4	4	4	4	4	4	4

D)
3	3	3
2	2	2
1	1	1

2 Wie viele kleine Würfel werden in jedem der Gebäude von Aufgabe 1 verbaut?
Der Plan kann dir helfen.

3 Hier wird es schwieriger. Zeichne zu diesen Gebäuden Baupläne.

a)    b) 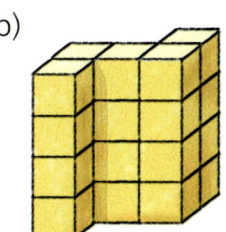   c)    d)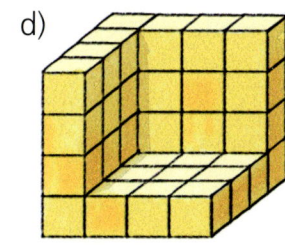

4 Wie viele kleine Würfel werden in jedem der Gebäude von Aufgabe 3 verbaut?
Der Plan kann dir helfen.

5 a) Baue eine Treppe aus zehn Würfeln. Zeichne den Plan.

b) Baue eine Treppe mit fünf Stufen. Jede Stufe soll zwei Würfel hoch sein.
Zeichne den Plan. Wie viele Würfel brauchst du

6 Baue ein Gebäude aus zehn Würfeln. Es soll aus vier Türmen bestehen,
jeder Turm mit einer anderen Höhe. Es gibt mehrere Möglichkeiten.
Zeichne zu deinem Gebäude den Plan.

1 Wer sieht es so?

a)
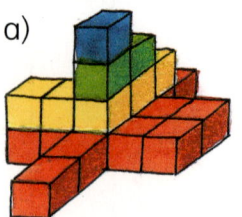

b)

c)
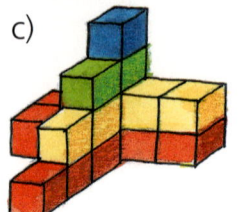

d)
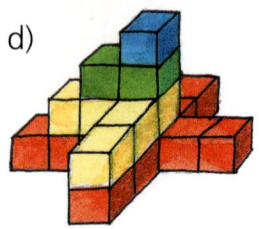

2 Wer hat welchen Plan gezeichnet? Welcher Plan fehlt?

a)
	1		
	1		
1	1	4	2	2
1	1	3	
	2		
	1		

b)
	1	1	
	1	1	
1	2	3	4	1	1
		2	
		2	

c)
	1		
	2		
	3	1	1
2	2	4	1	1
	1		
	1		

3 Baut zu viert ein Haus aus Würfeln. Jeder sieht es von einer anderen Seite und zeichnet seinen Plan.

4 Baue das Haus nach dem Plan. Dann betrachte es von einer anderen Seite und zeichne den Plan.

a)
	2	2	
3	3	3	
	1	1	
2	2	3	3

b)
	1		
	2		
2	2	2	
3	3	3	
	1		

c)
	2	2	
	3	3	
3	2	2	3
	3	3	
	2	2	

5 Baue das Gebäude, dann zeichne dazu den Plan. Gib den Plan deinem Partner. Er baut nach deinem Plan. Baue
a) eine Mauer,   b) einen Turm,   c) eine Treppe,   d) eine Pyramide.

6 Ist das Gebäude eine Mauer, ein Turm, eine Treppe, eine Pyramide, eine Zinne? Prüfe nach durch Bauen.   a) Turm

a) 5   b) 3 3 3 3   c) 1 2 3 4 5

d)
1	1	1
2	2	2
3	3	3

e)
1	1	1
1	2	1
1	1	1

f) 1 2 3 2 1   g) 3 2 3 2 3

7 Zeichne einen Plan für einen großen Würfel. Der große Würfel soll in jeder Richtung zwei Würfel dick sein. Wie viele kleine Würfel brauchst du?

8 Mit 12 Würfeln kannst du vier verschiedene Quader bauen. Zeichne die Pläne. Findest du alle Möglichkeiten?

9 Wie viele verschiedene Quader kannst du mit 24 Würfeln bauen? Zeichne die Pläne.

10 Es soll ein Quader gebaut werden, der in jeder Richtung mehr als ein Würfel dick ist. Zeichne einen Plan. Geht es immer?
Zusammen sind es   a) 30 Würfel,   b) 20 Würfel,   c) 18 Würfel,   d) 25 Würfel.

1
a) 3 · 20   b) 6 · 40   c) 7 · 80   d) 60 · 4   e) 50 · 9
    4 · 60   4 · 80   2 · 90   30 · 3   90 · 7
    5 · 90   6 · 50   8 · 70   70 · 5   80 · 8

$3 \cdot 2\ Z = 6\ Z$
also
$3 \cdot 20 = 60$

2
a) 9 · 30   b) 7 · 60   c) 4 · 20   d) 3 · 70   e) 6 · 80
   90 · 3   70 · 6   40 · 2   30 · 7   60 · 8

3

a) 4 | 90 → 360
4 · 90 = 360
90 · 4 = 360
360 : 90 =

b) 3 | 80
c) 7 | 40
d) 6 | 50

e) 70 → 490

f) 50 → 350

g) 60 → 420

4 Die Durch-Aufgaben vom Einmaleins können dir helfen.

Ich kann die Durch-Aufgaben vom Einmaleins.

16 : 8 | 160 : 80 | 160 : 8
36 : 6 | 360 : 60 | 360 : 6
45 : 9 | 450 : 90 | 450 : 9

5 Wie geht es weiter? Wie heißen die beiden fehlenden Aufgaben?
a) 21 : 7   b) 45 : 9   c) 32 : 4   d) 35 : 5   e) 60 : 10

6 Schreibe alle drei Aufgaben.
a) 140 : 70   b) 240 : 30   c) 280 : 40   d) 270 : 9   e) 150 : 5

7 Schreibe: 320 : 4 = 80, denn 80 · 4 = 320
a) 320 : 4   b) 400 : 8   c) 540 : 90   d) 630 : 9   e) 160 : 40
   160 : 8   350 : 50   300 : 6   420 : 70   270 : 9
   810 : 90   280 : 7   490 : 70   250 : 50   720 : 80

8
a) 4 · 16   b) 2 · 19   c) 9 · 35   d) 6 · 44
   8 · 13   6 · 15   5 · 67   8 · 88
   5 · 17   7 · 18   9 · 47   3 · 33
   9 · 13   9 · 19   5 · 78   7 · 29
   7 · 16   3 · 14   8 · 36   4 · 47

280, 32, 312
4 · 78 = _____
4 · 70 = 2 8 0
4 · 8 =   3 2

9
a) 3 · 12   b) 5 · 13   c) 7 · 14   d) 4 · 16   e) 3 · 17
   3 · 24   5 · 26   7 · 28   4 · 32   3 · 34

g) Finde selbst weitere Aufgabenpaare.

1 a) 85 : 5   b) 39 : 3   c) 48 : 4   d) 78 : 6   e) 84 : 7   f)   99 : 9

     70 : 5   33 : 3   60 : 4   90 : 6   91 : 7   135 : 9

     72 : 4   98 : 7   95 : 5   80 : 5   96 : 6   153 : 9

2 Aufgepasst! Was fällt dir auf?

    a) 21 : 3   b)   35 : 5   c)   42 : 6   d)   36 : 4   e)   56 : 7   f)   64 : 8

      42 : 3   70 : 5   84 : 6   72 : 4   112 : 7   128 : 8

      84 : 3   140 : 5   168 : 6   144 : 4   224 : 7   256 . 8

    g) Schreibe selbst solche Päckchen.

3 Wie heißt die Zahl?

a) *Wenn ich meine Zahl mit 9 multipliziere, erhalte ich 135.*

b) *Wenn ich meine Zahl mit 7 multipliziere, erhalte ich 91.*

c) *Wenn ich das Doppelte meiner Zahl mit 6 multipliziere, erhalte ich 84.*

4

a)
60 : 4
64 : 4
68 : 4

b)
108 : 9
126 : 9
144 : 9

c)
60 : 6
78 : 6
96 : 6

d)
133 : 7
126 : 7
119 : 7

e)
152 : 8
136 : 8
120 : 8

5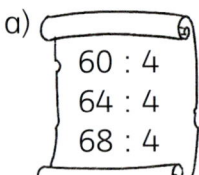

a) START · 14 · 7 · 2

b) START · 18 · 9 · 3

c) START · 12 · 3 · 2

d) Zu welcher Kugelbahn passt die Regel?
Die Zielzahl ist sechsmal so groß wie die Startzahl.

e) Findest du die Regeln für die anderen Kugelbahnen?

4 Starke Aufgaben: Gesetzmäßigkeit erkennen und Aufgabenfolge fortsetzen.

1
a) 132 : 4	b) 252 : 3	c) 153 : 9	d) 185 : 5
272 : 4	114 : 3	378 : 9	275 : 5
312 : 4	201 : 3	648 : 9	485 : 5

17   33   37   38   42   55   67   68   72   78   84   97   98

Wie rechnest du?

2
a) 190 : 5	b) 279 : 9	c) 455 : 7	d) 208 : 4
496 : 8	366 : 6	568 : 8	196 : 2
504 : 7	189 : 3	783 : 9	594 : 6

31   38   52   61   62   63   65   71   72   73   87   98   99

3 Unter den Aufgaben stehen passende Zahlen aus den Reihen. Welche wählst du?

a)
370 : 5	90 : 5	260 : 5	480 : 5	155 : 5	315 : 5
50	150	250	300	350	450

b)
296 : 4	124 : 4	388 : 4	212 : 4	76 : 4	112 : 4
40	80	120	200	280	360

c)
203 : 7	308 : 7	511 : 7	406 : 7	602 : 7	455 : 7
140	280	350	420	490	560

4
a) 252 : 6	b) 656 : 8	c) 154 : 7	d) 168 : 4	e) 198 : 9
312 : 6	576 : 8	231 : 7	216 : 4	234 : 9
372 : 6	496 : 8	385 : 7	376 : 4	396 : 9

22   22   26   33   42   42   43   44   52   54   55   62   62   72   82   94

5
a) 276 : 6	b) 288 : 8	c) 208 : 4	d) 390 : 5	e) 602 : 7
276 : 3	288 : 4	208 : 8	195 : 5	301 : 7

1
a)	b)	c)	d)	e)
315 : 3	408 : 4	707 : 7	545 : 5	945 : 9
321 : 3	424 : 4	735 : 7	624 : 6	832 : 8
330 : 3	432 : 4	756 : 7	735 : 7	749 : 7

101   102   104   104   105   105   105   105   106   106   107   107   108   108   109   110

2

a)	b)	c)	d)	e)
243 : 3	186 : 6	164 : 4	355 : 5	497 : 7
237 : 3	174 : 6	156 : 4	345 : 5	483 : 7
f) 505 : 5	g) 568 : 8	h) 396 : 4	i) 459 : 9	j) 248 : 8
495 : 5	552 : 8	404 : 4	441 : 9	232 : 8

3

a)	b)	c)	d)	e)
216 : 3	108 : 9	336 : 6	504 : 6	756 : 7
216 : 4	108 : 6	336 : 4	504 : 7	756 : 9
216 : 6	108 : 4	336 : 8	504 : 8	756 : 4
216 : 8	108 : 3	336 : 7	504 : 9	756 : 6

4

a)

·	20	8
3		
7		

b)

·		
4	200	232
		48

c)

·	90	
720		
	6	186

5

a) Ich darf 210 Minuten in der Woche fernsehen. Wie viele Minuten sind das am Tag?

b) Ich habe 84 Tage Ferien im Jahr. Wie viele Wochen sind das?

c) Mein Buch hat 93 Seiten. Ich lese jeden Tag drei Seiten. Wie viele Tage brauche ich, um das ganze Buch zu lesen?

d) Ich habe 225 Minuten Unterricht am Tag. Wie viele Schulstunden sind das?

6 Addiere die vier Ergebnisse. Was fällt dir auf?

a)	b)	c)
100 : 20	140 : 20	220 : 20
100 : 2	140 : 2	220 : 2
100 : 4	140 : 4	220 : 4
100 : 5	140 : 5	220 : 5

d) *Kannst du auch so ein Päckchen finden?*

7

a)  START · 4 · 6 · 8

b) START · 9 · 2 · 3

c) START · 12 · 3 · 5

d) Zu welcher Kugelbahn passt die Regel?
Die Zielzahl ist sechsmal so groß wie die Startzahl.

e) Findest du die Regeln für die anderen Kugelbahnen?

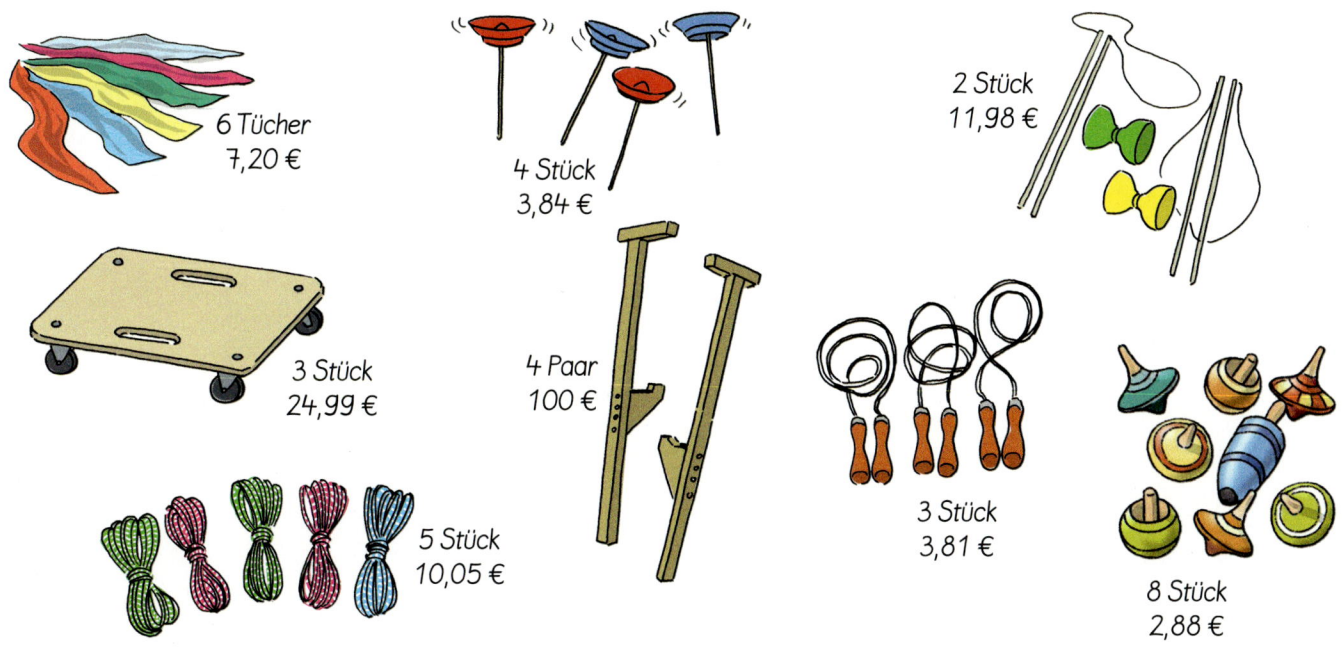

6 Tücher
7,20 €

4 Stück
3,84 €

2 Stück
11,98 €

3 Stück
24,99 €

4 Paar
100 €

3 Stück
3,81 €

5 Stück
10,05 €

8 Stück
2,88 €

1 a) Frau Sprick kauft vier Jonglierteller.
Wie teuer ist ein Teller?

360 ct : 4

b) Herr Lunze kauft sechs Tücher.
Wie teuer ist ein Tuch?

3	8	4	ct	:	4	=				
3	6	0	ct	:	4	=	9	0	ct	
	2	4	ct	:	4	=			6	ct

7	2	0	ct	:	6	=				
6	0	0	ct	:	6	=	1	0	0	ct
1	2	0	ct	:	6	=				ct

2 Wie teuer sind die Sachen einzeln?
a) ein Springseil   b) ein Kreisel   c) ein Paar Stelzen   d) ein Diabolo

3 Wie teuer ist es? Berechne zuerst den Preis für ein Teil.
a) vier Jongliertücher   b) zwei Springseile   c) sechs Kreisel   d) fünf Jonglierteller

4 a) 6,18 € : 6   b) 3,18 € : 3   c) 3,20 € : 4   d) 5,94 € : 6
  5,25 € : 5   6,18 € : 3   5,55 € : 5   4,44 € : 6
  3,27 € : 3   8,20 € : 4   8,56 € : 8   2,44 € : 4

0,51 €   0,61 €   0,74 €   0,80 €   0,99 €   1,03 €   1,05 €   1,06 €   1,07 €   1,09 €   1,11 €   2,05 €   2,06 €

5 Frau Lipp kauft fünf Gummitwist.
Wie teuer ist ein Gummitwist?

1	0	,	0	5	€	:	5	=			
1	0	,	0	0	€	:	5	=	2	0	0	€
				5	ct	:	5	=			1	ct

6 Wie teuer ist es? Berechne zuerst den Preis für ein Teil.
a) acht Gummitwist   b) zwei Rollbretter   c) drei Diabolo   d) neun Diabolo

7 Alle sechs Ergebnisse ergeben zusammen 36 Euro.
a) 19,20 € 28,80 € : 3   4   6

b) 4,50 € 40,50 € : 2   5   10

8 Frau Fröhlich möchte ihrer Tochter Emma ein Paar Stelzen, ein Diabolo und
ein Rollbrett kaufen.

1 Wähle eine ZAHL zwischen 10 und 100.
➤ Nimm das Zehnfache deiner ZAHL.
➤ Addiere 10.
➤ Streiche die letzte Ziffer weg.
➤ Subtrahiere das Ergebnis von 131.
➤ Addiere deine ZAHL.

Das Ergebnis deiner Rechnung findest du im STERN!

$$10 \cdot 22 = 220$$
$$220 + 10 = 230$$
$$131 - 23 = 108$$
$$108 + 22 = 130$$

2 Wähle eine ZAHL zwischen 10 und 100.
➤ Nimm das Fünffache der ZAHL.
➤ Ziehe es von 650 ab.
➤ Verdopple das Ergebnis.
➤ Streiche die letzte Ziffer weg.
➤ Addiere deine ZAHL.

Schaue zum STERN!

3 Wähle eine ZAHL zwischen 10 und 100.
➤ Ziehe deine ZAHL von 333 ab.
➤ Verdopple das Ergebnis.
➤ Addiere deine ZAHL.
➤ Ziehe 536 ab.
➤ Addiere nochmal deine ZAHL.

Immer wieder der STERN!

4 Wähle eine ZAHL zwischen 10 und 50.
➤ Verdopple deine ZAHL.
➤ Addiere 780.
➤ Halbiere das Ergebnis.
➤ Ziehe deine ZAHL ab.
➤ Teile das Ergebnis durch 3.

Du kommst nicht von dem STERN los!

5 Wähle eine ZAHL zwischen 200 und 400.
➤ Ziehe deine ZAHL von 1001 ab.
➤ Subtrahiere 545.
➤ Addiere deine ZAHL.
➤ Teile das Ergebnis durch 3.
➤ …

Was musst du jetzt noch tun, um den STERN zu finden?

1 Zahlix und Zahline wollen 160 Murmeln gerecht auf sechs Beutel verteilen.

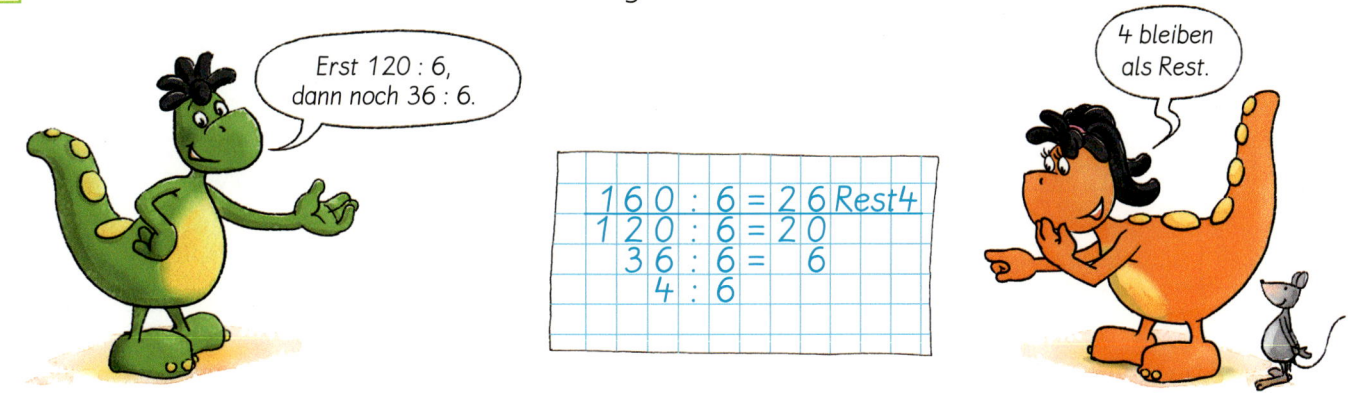

Erst 120 : 6, dann noch 36 : 6.

4 bleiben als Rest.

$$160 : 6 = 26 \text{ Rest } 4$$
$$120 : 6 = 20$$
$$36 : 6 = 6$$
$$4 : 6$$

2

a) 375 : 6
440 : 6
285 : 6

b) 150 : 4
298 : 4
333 : 4

c) 192 : 5
388 : 5
229 : 5

d) 253 : 3
116 : 3
200 : 3

37 R 2   38 R 2   38 R 2   44 R 2   45 R 4   47 R 3   62 R 3   66 R 2   73 R 2   74 R 2   77 R 3   83 R 1   84 R 1

3 Die drei Aufgaben in einem Päckchen haben denselben Rest.

a) 180 : 7
390 : 7
845 : 7

b) 430 : 8
550 : 8
870 : 8

c) 320 : 9
770 : 9
950 : 9

d) 130 : 7
620 : 7
760 : 7

e) 620 : 9
980 : 9
998 : 9

4
a) Teile durch 3:   140   153   88   250   277   192   310   202
b) Teile durch 4:   313   352   258   195   348   369   238   271
c) Teile durch 6:   259   338   525   496   407   504   337   446
d) Welche Zahlen kommen jeweils als Reste vor?

5
a) Teile durch 10:   71   96   183   425   637   699   712   834   928
b) Welche Zahlen kommen jeweils als Reste vor?

6
a) Teile durch 2:   35   98   125   270   302   486   501   777   864
b) Findest du die Regel? Eine Zahl ist durch 2 teilbar, wenn die letzte Ziffer _____.

7
a) Teile durch 5:   125   142   265   317   490   509   605   798   800
b) Wie heißt die Regel? Eine Zahl ist durch 5 teilbar, wenn die letzte Ziffer _____.

8 Rechne nur die Aufgaben ohne Rest.
a) Teile durch 10.   b) Teile durch 2.   c) Teile durch 5.

48   70   95   105   130   175   182   208   255   300

9
a) Herr Mainz schneidet in seiner Gärtnerei 200 frische Nelken. Frau Mainz bindet daraus Sträuße mit 7 Nelken. Wie viele Sträuße gibt es? Wie viele Nelken bleiben übrig?
b) Nina hilft ihren Eltern bei der Arbeit in der Gärtnerei. Sie verteilt 150 Stiefmütterchen auf 8 Blumenkästen.

10 Herr Mainz hat am Samstag neun Blumenkästen auf dem Markt verkauft.
Er hat damit 130,50 € eingenommen.

1 Wie viel Euro muss Lina noch sparen, um so viel Geld wie Jakob zu haben?

Ich habe 359 € gespart.

Ich habe 223 € gespart.

Ihr fehlen

2 So rechnet Emilia in der Stellentafel, sie ergänzt.

Zuerst die Einer,   dann die Zehner,   dann die Hunderter

3 + **6** = 9   2 + **3** = 5   2 + **1** = 3

H	Z	E
3	5	9
− 2	2	3
		6

H	Z	E
3	5	9
− 2	2	3
	3	6

H	Z	E
3	5	9
− 2	2	3
1	3	6

3 E + ___ E = 9 E   2 Z + ___ Z = 5 Z   2 H + ___ H = 3 H
Schreibe 6 E.   Schreibe 3 Z.   Schreibe 1 H.

3

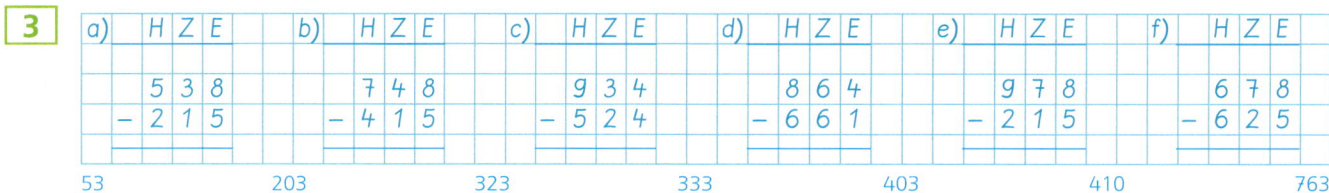

a)
H	Z	E
5	3	8
− 2	1	5

b)
H	Z	E
7	4	8
− 4	1	5

c)
H	Z	E
9	3	4
− 5	2	4

d)
H	Z	E
8	6	4
− 6	6	1

e)
H	Z	E
9	7	8
− 2	1	5

f)
H	Z	E
6	7	8
− 6	2	5

53   203   323   333   403   410   763

4 Schreibe stellengerecht: Einer unter Einer, Zehner unter Zehner, Hunderter unter Hunderter.
a) 693 – 271   b) 974 – 362   c) 597 – 361   d) 644 – 213   e) 787 – 616

171   236   336   422   431   612

5

1 So rechnet Kirsten 741 − 315.
Zuerst die Einer,

5 E + ___ = 1 E
Geht nicht.

Oben 10 E dazu,
unten 1 Z dazu.

Ich bin fair.

Sei fair, dann bleibt der Unterschied gleich. Achte auf den Übertrag.

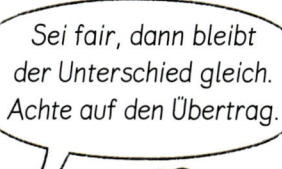

dann die Zehner,

dann die Hunderter

5 E + ___ E = 11 E
Schreibe 6 E.

2 Z + ___ Z = 4 Z
Schreibe 2 Z.

3 H + ___ H = 7 H
Schreibe 4 H.

2

a) H Z E	b) H Z E	c) H Z E	d) H Z E	e) H Z E	f) H Z E
8 7 6	6 8 3	7 4 2	9 1 7	8 5 9	7 6 2
− 4 2 7	− 3 5 6	− 4 1 7	− 6 3 5	− 3 6 8	− 1 8 7

282   325   327   427   449   491   575

3 Schreibe stellengerecht: Einer unter Einer, Zehner unter Zehner, Hunderter unter Hunderter.

a) 583
− 248
216

b) 942
− 416
276

c) 854
− 373
335

d) 869
− 278
481

e) 753
− 271
482

f) 631
− 415
591

526

4 Nullen in den Ergebnissen.

a) 936
− 229
308

b) 764
− 256
380

c) 993
− 163
507

d) 567
− 259
508

e) 926
− 419
707

f) 908
− 158
750

830

5 Nullen in den Zahlen.

a) 709
− 473
118

b) 905
− 479
136

c) 627
− 509
236

d) 539
− 403
338

e) 604
− 86
426

f) 1000
− 474
518

526

6 Schreibe stellengerecht untereinander, dann rechne.
Alle Ergebnisse haben die Quersumme 12.

a) 735 − 129   b) 988 − 652   c) 804 − 144   d) 604 − 457

e) 619 − 67   f) 347 − 92   g) 425 − 89   h) 708 − 75

Den Zahlenraum bis 1000 kennen

643

Zahlen zerlegen in Hunderter, Zehner und Einer

234 = 2 H + 3 Z + 4 E   105 = 1 H + 5 E

Zahlen der Größe nach vergleichen

101 < 1000 101 ist kleiner als 1000
321 > 298   321 ist größer als 298

Seiten 22 – 23, Seiten 28 – 29

Fachbegriffe richtig anwenden

Addiere 140 und 70.
Die **Summe** ist 210.   140 + 70 = 210

Subtrahiere 70 von 120.
Die **Differenz** ist 50.   120 – 70 = 50

Multipliziere 4 und 70.
Das **Produkt** ist 280.   4 · 70 = 280

Dividiere 350 durch 7.
Der **Quotient** ist 50.   350 : 7 = 50

Beim **Dividieren** kann
ein **Rest** auftreten.   30 : 7 = 4 Rest 2

28 ist durch 7 **teilbar**, 30 nicht.

Rechengesetze ausnutzen

Aufgabe und Tauschaufgabe

3 + 48 = 51,   denn   48 + 3 = 51
34 · 2 = 68,   denn   2 · 34 = 68

Aufgabe und Umkehraufgabe

32 : 8 = 4,   denn   4 · 8 = 32

Subtrahieren als Ergänzen

62 – 58 = 4,   denn   58 + 4 = 62

Analogien nutzen

64 + 3 = 67,   denn   4 + 3 = 7

Nachbarzahlen bestimmen

Vorgänger	Zahl	Nachfolger
762	763	764

Nachbarzehner
760   763   770

Nachbarhunderter
700   763   800

Seiten 28 – 29

Im Kopf addieren, subtrahieren und ergänzen

456 + 500   753 – 400   340 + ___ = 740
456 + 50   753 – 40   340 + ___ = 370
456 +   5   753 –   4   340 + ___ = 402

In Schritten addieren

460 + 270

460 + 270 = 730   460 + 270 = 730
460 + 200 = 660   460 + 300 = 760
660 + 70 = 730   760 – 30 = 730

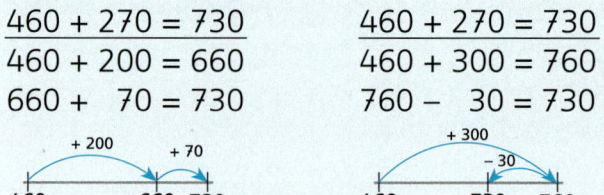

278 + 45

278 + 45 = 323   278 + 45 = 323
278 + 40 = 318   278 + 22 = 300
318 + 5 = 323   300 + 23 = 323

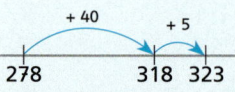
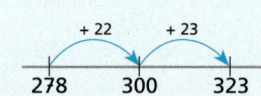

In Schritten subtrahieren

460 – 270

460 – 270 = 190   460 – 270 = 190
460 – 200 = 260   460 – 300 = 160
260 – 70 = 190   160 + 30 = 190

534 – 45

534 – 45 = 489   534 – 45 = 489
534 – 40 = 494   534 – 5 = 529
494 – 5 = 489   529 – 40 = 489

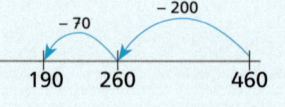
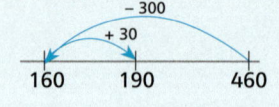

Seiten 38 – 46

 Diese Aufgaben sollen die Kinder auswendig wissen oder automatisiert lösen können.

Diese Aufgaben sollen die Kinder mit guten Strategien rechnen.

Schriftlich addieren

```
  3 8 6
+ 2 4 3
  ₁
  6 2 9
```

> 4 Z + 8 Z = 12 Z = 1 H 2 Z
> Schreibe 2 Z,
> übertrage 1 H.

```
  3 8 8
+ 2 2 3
+ 2 9 2
  ₂ ₁
  9 0 3
```

Überschlag:
400 + 200 + 300 = 900

Entscheiden, ob im Kopf oder schriftlich gerechnet wird

300 + 418   199 + 245   267 + 458

Seiten 90 – 97

 ## Schriftlich subtrahieren

```
  ⁴ ¹⁰
  5̶ 3̶ 7
− 3 5 4
  1 8 3
```

> 3 Z − 5 Z geht nicht. 1 H
> wechseln. 13 Z − 5 Z = 8 Z.
> 4 H − 3 H = 1 H.

```
  ⁶   ¹⁰
  7̶ 1̶ 4
− 2 8 8
  4 2 6
```

Überschlag:
700 − 300 = 400

Entscheiden, ob im Kopf oder schriftlich gerechnet wird

750 − 320   401 − 120   837 − 276
750 − 302   245 − 199   524 − 276

Seiten 104 – 111, Seiten 132 – 133

 ## Aufgaben des kleinen Einmaleins auswendig wissen

8 · 7   10 · 6
9 · 3   0 · 8
6 · 6   1 · 0

24 : 6   70 : 7
24 : 8   0 : 9
24 : 3   0 : 1

Seiten 12 – 15

 ## Große Zahlen multiplizieren

5 · 3 = 15   5 · 37 = 185   3 · 207 = 621
5 · 30 = 150   5 · 30 = 150   3 · 200 = 600
                 5 · 7 = 35   3 · 7 = 21

Seiten 66 – 70

 ## Große Zahlen dividieren

15 : 3 = 5   171 : 3 = 57   621 : 3 = 207
150 : 30 = 5   150 : 3 = 50   600 : 3 = 200
150 : 3 = 50   21 : 3 = 7   21 : 3 = 7

Seiten 60 – 61, Seiten 126 – 128

 ## Raumvorstellung und Formerfahrung gewinnen

Körper

Quader

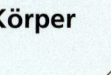

8 Ecken
12 Kanten
6 Flächen

Würfel

Ebene Figuren

Rechteck

Quadrat

Dreieck

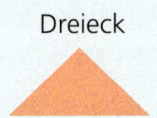

Seiten 98 – 99

Achsensymmetrie

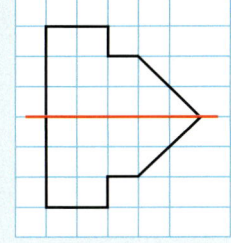

Seiten 30 – 34

Daten und Häufigkeiten darstellen

 Tabelle

Lesen	6
Turnen	9
Musizieren	3
Basteln	6

Kreisdiagramm

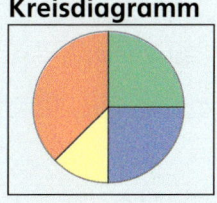

Balkendiagramm

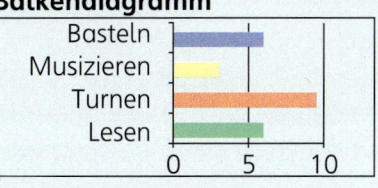

Seiten 114 – 115

 ## Wahrscheinlichkeiten einschätzen

Würfeln mit zwei Würfeln

Augensumme	
7	möglich
1	unmöglich
größer als 1	sicher

Seiten 118 – 119

Zahlen ABC

0
X

1	2	3	4	5	6	7	8	9	10	24	28	36	40	42
T	H	L	A	E	S	N	O	I	M	H	O	A	L	E

45	48	56	60	63	64	70	72	78	80	81	84	90	96	99
I	S	T	M	N	R	G	F	S	B	Ü	K	A	D	U

100	105	108	112	117	120	126	128	132	135	136	140	144	147	150
C	L	P	A	R	Ö	D	N	Ä	O	V	N	U	E	T

153	156	160	162	168	171	175	180	184	189	190	192	195	196	198
N	S	D	I	B	Z	G	S	K	H	A	I	E	T	F

200	204	210	216	220	224	225	234	240	245	252	255	261	264	270
D	Ü	B	K	L	W	R	S	C	H	H	A	L	O	E

276	280	285	288	297	300	306	312	315	336	350	360	369	378	396
I	F	T	Ä	M	R	G	S	F	O	K	W	Ü	V	A

400	405	420	432	450	456	468	475	480	495	500	504	522	539	540
U	N	M	E	L	G	H	R	B	C	T	U	G	F	Z

552	560	567	576	594	600	603	616	630	648	665	672	684	693	696
V	A	N	Ö	I	D	M	O	W	A	E	L	H	N	T

700	702	712	720	736	747	760	774	783	792	800	801	810	828	837
L	L	P	A	R	N	D	H	O	F	H	A	Ü	B	L

855	864	873	882	891	900	906	910	925	939	948	960	979	981	1000
E	I	J	C	K	O	M	R	S	U	Z	W	V	A	L

Größen ordnen, umwandeln und in verschiedenen Schreibweisen darstellen

Längen

Kilometer	Meter	Zentimeter	Millimeter	
1 km = 1 000 m	1 m = 100 cm	1 cm = 10 mm	235 cm = 2 m 35 cm = 2,35 m	
$\frac{1}{2}$ km = 500 m	$\frac{1}{2}$ m = 50 cm	$\frac{1}{2}$ cm = 5 mm	250 cm = 2 m 50 cm = 2,5 m
			50 cm = $\frac{1}{2}$ m = 0,5 m

Gewicht

Kilogramm   Gramm
1 kg = 1000 g
$\frac{1}{2}$ kg = 500 g

 1 g
 20 g
 250 g
 1 kg
 10 kg

Zeit

Jahr	Monat	Woche	Tag	Stunde	Minute	Sekunde

1 Jahr hat 12 Monate. 1 Jahr hat 365 Tage oder 366 Tage (Schaltjahr).

1 Monat hat 28, 29 (Schaltjahr), 30 oder 31 Tage, ein Monat hat etwas mehr als 4 Wochen.

1 Woche = 7 Tage   1 Tag = 24 Stunden   1 Stunde = 60 Minuten   1 Minute = 60 Sekunden